金商道

The positive thinker sees the invisible, feels the intangible,
and achieves the impossible.

惟正向思考者，能察於未見，感於無形，達於人所不能。 —— 佚名

財星500大企業稽核師的
舞弊現形課

行賄、挪用、掏空、假帳，
直搗企業治理漏洞，掃除財務地雷

── 高智敏／著 ──

目　錄

舞弊犯偷天換日把戲

第2部 **當公司治理破了大洞**

第3部 舞弊偵防殺手級應用

第4部 弊案背後的公道

推薦序

看完還想再看的防弊議題好書

李華驎，《公司的品格》作者

「我用三天就看完了這本書，而且非常喜歡。」——嗯……我說的。

去年 12 月，收到了一封來自 Jimmy Kao 的 email，請益如何讓出版社願意出他的書。基於當初出書時同樣受到許多不認識網友的幫忙，我告訴他目前出版業的難處，建議他可以改以出此書對出版社的影響力著手。

幾個月後再次接到 Jimmy 來信告知，已獲得商周集團的支持，並探詢為新書寫推薦的可能。當時的心情其實很矛盾，一則為新書能出版而高興，但也為寫序而發愁。

原因很簡單，企業防弊這種議題就像你和老人談政府財政破產，還是和年輕人談飲食健康一樣，每個人都會告訴你這件事很重要，但實際上根本沒人在乎。其次，這種書就像資深查帳員寫查帳實務一樣，寫得太詳細，90% 的人都沒興趣；寫得太一般，連剩下的 10% 也不買單——這是個很難拿捏的題材。不過更重要的是第三個原因——我不喜歡讀教條式、內容枯燥的書。

所以當下，我很客氣的回文：「企業防弊非我專長，掛名推薦可以，寫序最好另請高明。」然而這在數週前試讀本書初稿後，我有了完全不同的想法：我花了三天就看完全書，而且還想再看。我想很多買過書的人都

知道，一本書看不完的痛苦，或是能流暢看完一本書的痛快。

本書巧妙引用了台灣本地的案例做為多數章節的開頭，讓讀者對於每一個議題自然產生連結，再配合上流暢的文字描述，和最後的理論印證，讓讀者在閱讀時，不會因為過度的理論分析而覺得枯燥，但又能從書中得到應有的知識，作者筆法相當高明。

縱觀全書，個人最有感的為 LESSON 5 中「沒有人會一覺醒來，就決定自己今天開始要做一個舞弊犯」，談及潛在犯罪者的心理誘因與制度上缺失；以及 LESSON 26「收賄舞弊犯判什麼罪」，談及台灣整體立法與司法制度問題。

現今台灣民意一面倒的認為，司法不公是因為恐龍法官或法官收賄，而提出國民法官制時，你有沒有想過，或許真正的關鍵是出在法律條文根本就有問題？

近年來公司治理成為顯學，但台灣目前仍多著重於公司經營者，是否利用制度缺漏圖利自己而剝奪外部股東權利。事實上一個完整的公司治理制度，不只是老闆該被管治，中高階經理人都應被納入其中。

很高興台灣能有這麼一本以在地個案討論防堵舞弊的書，更進一步強化台灣企業內稽內控機制的完整。十分樂意能將此書推薦給大家，也希望大家除了買一些「我靠股市賺十億」這種書外，能給台灣分享個人經驗實務的本地創作者更多的鼓勵！

推薦序

受信任的犯罪人──
企業、舞弊與白領犯罪

林志潔，交通大學特聘教授、科法學院金融監理與公司治理中心主任

前兩天剛好在進行一個確定判決案件的回顧，案件涉及規模龐大的建築公司內部的犯罪行為，一如大衛・弗里德里克斯（David O. Friedrichs）在《受信任的犯罪人：當代社會的白領犯罪》（*Trusted Criminals: White Collar Crime in Contemporary Society*，暫譯）一書中，對企業組織內白領犯行者的描述：在高階的負責人，以組織體內事務分層負責，自己欠缺主觀的故意要件為理由，提出「I don't know」（我不知情）抗辯；至於其下屬的實際經手人員，則以一切行為均依照上級指示所為，自己並無裁量權，提出「follow the orders」（遵照命令）抗辯。這些現象，充分顯現出在組織體內要發現舞弊、稽核舞弊、究責舞弊，以及預防舞弊的困難和重要。

Jimmy（智敏）的新書《財星 500 大企業稽核師的舞弊現形課》，是一本非常適合社會各階層、各行業閱讀的重要著作，本書共分四部二十八個章節，從公司治理、法令遵循到科技發展帶來新的舞弊偵防工具如何運用，以及完成調查後如何找回公道，真是刻畫深入的一頁頁白領、財經犯罪者眾生相。

　　我從 2007 年進入財經與白領犯罪的研究領域，雖說曾有律師的執業經驗、亦曾擔任國內許多重大財經犯罪案件的鑑定人、或者為某些案件提出專家意見，但 10 幾年來的研究累積，依然不時讓我有種必須「追著日新月異的犯罪手法跑」的感嘆。尤其在人流全球化、金流全球化、物流全球化的今日，舞弊的工具更為多元、財務結構更為複雜、證據更為幽微隱密、金流斷點更容易製造，無一不是提高了舞弊被發現、甚至被預防的困難度。

　　「舞弊」（fraud）的基本元素就是「騙」，騙大概可以分類為兩種方式，一種是：明明是這樣，但你說成那樣；一種是：明明是那樣，但你隱瞞不說。以這個基底出發，可以演化出各種千變萬化的樣態，例如：貪腐、資產或智慧財產的挪用或盜取、財報不實、資本市場的圖利和套利行為，以及為了掩飾隱匿這些行為而伴隨的地下匯兌、洗錢、滅證、偽造文書、妨害司法等犯罪。

　　Jimmy 的書中對各種犯罪樣態和成因都有深入淺出的討論，做為一個法學研究者和推動法制改革者，又研究過許多的白領財經犯罪，我對於他書中談及很多舞弊犯「欠缺不法意識」感觸很深。Jimmy 分析為何舞弊者欠缺不法意識，原因包括：（1）商場陋習大家都這麼做、（2）法規的模糊或漏洞、（3）商業行為或號稱創新模式的灰色地帶，以及（4）專業人士如董事甚至律師會計師的背書。這幾件事確實是值得深入討論的，尤其，法律人應該是公司治理與法令遵循重要的守門員，看到在商業犯罪或金融犯罪中，法律人淪為犯罪者的工具或幫凶，實在令人汗顏，該是我們專業社群應反省、並提高自律門檻的要務。

企業當知，興利與除弊，並非對立，尤其在違反法律風險代價高昂的今日，除弊即為興利（試想，研發成本如此之高，結果卻因為沒有守護好營業祕密、被對手整碗端走、占盡先機，自己還能有什麼市場競爭優勢可言），對於舞弊的預防和偵查，對於稽核人員的挹注和支持，就是對企業最好的投資。

Jimmy 在自序中說：我們一路奮戰，是為了不讓世界改變我們。我說，這個期待還不夠啊！因為我們一路奮戰，不只是為了不讓世界改變我們，更為了用我們自己的光芒，照亮許多黑暗的時刻。私部門的舞弊稽核人員，就像公部門的政風人員，公部門的政風人員，就像私部門的舞弊稽核人員，這些專家，就是調整組織體的體質、強健組織體身心的重要養分，因為若沒有他們，組織體就會生病、發燒、甚至腐敗、潰爛。除了感謝他們的付出，也希望這一本好書能讓更多人對於白領財經犯罪有所認識，在企業有能力併購國家的時代，讓組織體的治理、舞弊的防制體系，能更加健全。

推薦序

舞弊的書也可以這麼輕鬆讀

林嬋娟，臺灣大學會計學系教授

很榮幸受邀幫高智敏先生的大作寫推薦序，原以為這會是一本很嚴肅、充滿艱深專業術語的書籍，開始閱讀後發現，原來舞弊的書也可以這麼輕鬆讀。

這本書定位在舞弊入門書，以淺顯易懂的方式呈現，但涵蓋之主題相當廣泛且應時。除舞弊基本知識（何謂舞弊、何以發生舞弊）外，還包括舞弊預防、偵測與調查核心議題，現代科技（數據分析、人工智慧、數位鑑識）於舞弊偵防應用，以及舞弊調查相關的法律及公司治理問題（如吹哨人制度）等。對商管、法律、社科學生，這是一本頗具參考價值的舞弊入門書籍。

作者具舞弊稽核師（CFE）資格，曾任四大會計師事務所舞弊稽核師，目前擔任國外上市公司內部稽核。閱讀此書可充分感受作者在舞弊案例蒐集整理之用心、對防弊最佳實務鑽研之深入。作者無私的分享累積多年的專業知識與經驗，還將書中提及之相關影片與書籍貼心整理成舞弊偵防懶人包，提供很不錯的舞弊補充教材。

本書以許多古今中外、各式各樣、大大小小的舞弊案例貫穿，就像看一部扣人心弦（有時難以置信）的舞弊連續劇。的確，舞弊層出不窮、手

法推陳出新，我們與舞弊行徑的距離，原來這麼近。大家耳熟能詳的舞弊三角，即產生舞弊的三大因素——誘因／壓力、機會與行為合理化，儘管是舞弊偵防很完整的理論基礎，但現實社會這些因素一直存在，再好的制度或規範亦無法保證完全無舞弊情事。作者點出，接受舞弊可能存在之事實，才能看見真相，採取正確之因應措施。防弊目的不在杜絕任何舞弊，而是在有限資源下防止其擴散而釀成重大弊案。

閱讀本書期間，七月底台北地檢署偵結遠航掏空超貸案，包括三位現任公股銀行董總因涉超貸遭到起訴。隔天又爆出另一大弊案，檢調大動作搜索 6 名跨黨派現任或前任立委，疑收賄介入 SOGO 經營權之爭。昨天，金融時報報導，英國稅務當局（HMRC）控告美國 GE 不實稅務申報，要求補繳 10 億美元稅金（2020.8.4）。這則消息開頭就說，GE 曾是 2012 年獲 HMRC 頒獎的大公司之一，如今成為 HMRC 控訴對象，令人不勝唏噓。

看到 GE 涉及的稅務訴訟新聞，讓我聯想到 2014 年 5 月，我參加在政大舉辦的亞太商學院聯合會議，聆聽安隆公司前財務長法斯陶（Andy Fastow）一場令人震撼的演講。印象最深刻的是，演講一開始他一手拿出榮獲《財務長雜誌》（*CFO Magazine*）2000 年最佳財務長的獎盃，另一手拿著紅色囚犯證，然後很直率的說，同樣的交易手法讓他獲獎也讓他入獄！他說起初實在無法接受近 80 項詐欺的指控，他認為他的財務操作行為沒有違法，何況還有董事會、會計師、律師、投資銀行當守門人。最後他悟出道理，原則才是關鍵，而非是否違法。他提醒，法律漏洞處處可見，真實世界充滿灰色地帶，看似不違法的手法依然存在。

　　回頭看，法斯陶的舞弊預警不幸言中，舞弊連續劇繼續上演中。舞弊案例提醒我們，創新與詐欺通常只有一線之隔，公眾人物、指標企業尤應警惕，以最高的標準（而非是否違法）要求自己。防弊人人有責，一般大眾亦應隨時保持警覺，勿恃「弊」之不來，恃吾有以待之，相信自己才是真正的舞弊守門人。

推薦序

在你的腦袋裝入自動警報器，是本書最棒的價值

楊貴智，《法律白話文運動》站長＆律師

　　談到舞弊，大家想到的都是新聞媒體常見的上市櫃公司、跨國企業或者政府部門等弊案，也因為通常只有這樣等級的弊案會登上新聞版面，因此我們都誤以為弊案不會發生在自己身邊。

　　但曾有當事人帶著焦慮或氣憤的心情來到事務所討論案件，因為他投資朋友供其開設工廠，但過一年才發現該名朋友名下另有一間從事相同產業的公司，藉由作帳及採購方式將金錢搬運到自己的公司，氣得跳腳。也有當事人與建商合建房屋，結果工程尚未完成，建商就捲款逃跑不知去向，讓當事人搬入新屋的美夢破碎，甚至要獨自面對其他房屋買家的質疑。事實上，只要我們行走江湖，就有可能於遇人不淑。

　　但因為我們的文化對於「人性本善」一事有著過度的依戀，在親朋好友間不方便相互檢核彼此的所作所為，因為這樣不僅容易破壞和諧而傷害合作默契，更可能招來批評。而這樣的文化氛圍則凸顯了這本書的價值，因為作者高智敏在本書中以系統化的方式提供我們思考「防弊」的方法論，例如舞弊三角讓我們檢視弊案從何而生、內控整合性架構協助我們思考如何設計防弊機制，以及職能分工來避免出現隻手遮天的情況。而本書

在理論之外也提供非常多案例，讓讀者對於舞弊的樣貌能夠擁有更多具體的想像，並藉此連結回到自己的生活之中。

　　身為律師，當然要藉機呼籲各位讀者：在從事各項交易合作前，一定要找律師諮詢相關的合作計畫，不僅讓律師協助確認合作內容沒有違反各項法律強制禁止規定，也讓律師協助確認合約架構設計符合自己利益，同時不會讓自己身陷無法度量的法律風險之中，否則簽名之後才來後悔，已經萬事莫及。

　　可惜的是，你通常不會身邊隨時有律師，因此這本書對你來說最棒的價值就是：它會在你的腦袋中裝入一個自動警報器，未來在簽署各項合作備忘錄時，心中警鈴就會不斷響起來提醒你：這個合作架構是否具有防弊機制、是否創造舞弊空間容忍對造上下其手？別忘記，傷你最深的人，往往是你最信任的人。這句話總結我讀完本書的感受，也是我的律師執業經驗中得到最深的領悟。

前言

我們一路奮戰，
是為了不讓世界改變我們

　　如果網路節目《木曜 4 超玩》的「一日系列」哪天真的快把 365 行都拍完了，不妨來體驗一下「舞弊稽核師」這個極為神祕的職業。它之所以鮮為人知，是因為雖然確實有「舞弊稽核師」這個證照，但是除了極少數巨型集團與顧問公司，一般民間企業根本沒有這種專責部門或職務存在，多是散見於各個幕僚後勤單位中。進行舞弊調查時，它又必須編造各種理由來偽裝真實目的，低調再低調，避免打草驚蛇。所以，它是「巷仔內」才得以窺見真面目的有趣職業。

　　我想像中「一日舞弊稽核師」的腳本大概是這樣（以顧問公司為例）：一大清早，主持人和我們在 A 公司樓下集合，因為 A 公司前一天發現人資部專員疑似詐領薪資。與 A 公司開會的過程中，我們會了解如何發現詐領的情形、目前公司手中有什麼樣的證據、對於這位員工打算採取什麼行為、預算範圍，以及對於專案時程的期待。接著除了答應 A 公司在兩天內提出一個完整的規畫與報價外，還會提醒 A 公司在我們進駐之前，得先採取什麼措施止血。

　　主持人這時體力值應該只剩一半，於是我們趕緊到合作的律師事務所，和律師商討之前 B 公司的採購弊案。根據上次會議的結論，我們深入

研究特定商品的採購價格後，發現明顯與國際貴金屬價格背離，律師團隊認為此點可做為訴訟材料之一，並指示在嫌疑犯的硬碟中，搜尋「回扣」等關鍵字，試圖找到更積極證明採購收賄的證據。

主持人此時應該已經接近昏厥狀態，所以中午就簡單放飯休息一下。接著，我們拿出 C 公司上萬筆的產品售價資料，與主持人一起利用 Excel 進行數據分析，找出售價異常的產品，並且把發現結果製作成簡報。做完簡報，再把主持人帶去 D 公司開會，提出一個在研發機密外洩後如何強化現有機制的改善方案。會議過程中，D 公司的研發主管不斷提出一些實務上窒礙難行的理由，我們舉了幾個同業採取的方法，該研發主管答應帶回內部討論。接著再趕往 E 公司，幫忙進行員工舞弊教育訓練，介紹舞弊的定義、E 公司的道德守則、發現其他員工舞弊該如何舉報等等。由於主持人親切幽默，加上在課程最尾聲加入有獎徵答，整體效果十分不錯。

課程結束後，華燈初上，所有人再到 F 公司外的咖啡店稍作休息，等 F 公司員工都下班後，一行人再進入辦公室進行數位證據封存，也就是打開嫌疑人的電腦、抽出硬碟、完整複製、放回硬碟、電腦歸位。因為嫌疑人太多，超過十台電腦要做封存，所以節目製作人決定只封存一台做為體驗。即使如此，結束時已接近晚上 11 點，以至於結尾時主持人喊的「一日舞弊稽核師～成功！」口號，聽起來都已經有氣無力了。

一般觀眾看完以後，除了對舞弊稽核師的工作內容有更深的認識以外，對於企業舞弊案件居然多到可以撐起一個行業，也一定覺得十分不可思議，正如我剛入行之時。

＊＊＊

剛進入四大之一的會計師事務所工作時，我的工作主要都是協助企業檢查現有的內部控制機制是否足夠、強化目前資訊環境的強度、輔導資訊安全制度的建立、甚至重新設計與再造無效率的流程。每天看著輔導的客戶們在內部控制和資訊安全上都一直持續進步，除了覺得很有成就感以外，還會認為新聞偶爾報導的採購收賄、竊取營業祕密、財報造假這些案件，一定都是少數中的特例、特例中的意外，而且一定不會發生在我客戶身上。

沒想到，這個觀念幾年後就被打破了。

我還記得，加入舞弊防治團隊後，第一次看到之前輔導過的優質企業（內控在該產業堪稱模範生等級，老闆又清廉正直），居然也不幸發生了弊案，心裡實在好訝異。

除了之前輔導過的客戶，還有許多的企業主和高階主管為了弊案急忙找顧問協助調查，而這些公司規模都不小，畢竟願意找顧問還花得起這筆錢的，都是有頭有臉、資源不虞匱乏的上市櫃公司，甚至不少還是跨國企業。這時，對於每天與舞弊交手的我來說，新聞上的商業舞弊事件不再只是偶爾出現的特別節目，而似乎是每分每秒都在上演的連續劇。

為了避免「每次看手表都是下午4點44分」這種心理學上的謬誤，我開始採用科學一點的方式，想確認到底真實的舞弊事件是因為工作上常接觸所以特別注意此類新聞，導致我錯認「好像」很常發生，還是實際上真的經常發生。因此從2018年開始，我利用Google快訊蒐集和舞弊相關

的國內外新聞，然後每個月撰寫名為「FNews」的舞弊月報，簡單摘錄上個月國內外重大舞弊事件，再加上一些自己的評語。一開始我很擔心會不會寫不到一年就沒新案件可寫，後來逐漸發覺這種擔憂是多餘的。我每一個月光是蒐集到的舞弊新聞，就已經多到無法好好一一過濾，案件金額從小至連鎖超市店員侵占兩顆茶葉蛋，大到印度版安隆案，類型從駱駝整形選美到南韓統戰大喇叭都有，不一而足，多到讓人不知從何寫起，導致我寫到後面不得不拖稿。

至今，即使我的舞弊月報都休刊了，Google 快訊還是從未讓我失望，依舊按時用舞弊新聞塞爆我的信箱。從那堆塞爆信箱的舞弊案件中，我領教到舞弊真的是源源不絕，從沒有消停的趨勢，未來肯定也不可能消失。對於社會或企業來說，舞弊的因子正如轉變為癌細胞前的正常細胞，它一直都存在，還沒爆出舞弊事件，也只不過是目前尚未發育成熟的舞弊構成要素暫時被壓抑住了，或只是你沒發現而已。

＊＊＊

在舞弊防治團隊服務的幾年中，參與多起急如星火的舞弊調查案，見識到從調查到正式報案中間法律的距離，並充分體會數位鑑識的威力。有些客戶走得比較前面，不希望等到出事才匆忙補救，主動找我們合作，試圖利用先進的數據分析技術與演算法，提早發掘異常的交易，或是把舉報制度的營運委託我們。少數極有遠見的企業，更積極要我們協助找出目前流程與內部控制設計上容易產生舞弊的地方，希望能防範舞弊於未然。

　　因緣際會離開了顧問業，轉任香港一家上市公司駐美的內部稽核。由於從更實務的角度面對舞弊，因此更能體會不論是舞弊調查、偵測或是預防的過程，公司實際運作上會遇到什麼樣的困難。工作之餘，因為受邀在專業組織或學校講授防弊課程，因此悉心鑽研各大專業組織對於防弊的最佳實務，翻閱重要的中英文書籍，啃讀知名弊案艱澀的裁判書，加上自己前述多元的觀點與背景，一點一滴結合理論與實務，最後總算歸納出一個比較完整的防弊架構，還有實際操作上的一些訣竅。

　　驀然回首，已在這條路上走了十年。這十年來，我發現大家都面臨相同的困境，都想知道對於舞弊，企業到底有沒有可行的解決方法？

　　某一天，一位知道我對舞弊稍有研究的朋友，透過臉書傳了一個不錯的投資機會給我，希望我幫他確認一下是不是真的會賺錢。首先看了一下報酬率，居然保證每年獲利 15%，比股神巴菲特的波克夏在 2004 到 2013 年的 10% 還要高。這只有兩種可能，一種是這個創辦人與團隊是不世出的天才，還沒被世界發掘，另一種就是單純想騙財，而後者的機率大概是 99.9999%。接著仔細研究一下宣稱的獲利模式，發現根本邏輯矛盾又模糊曖昧，連會不會獲利都很難讓人相信。最後，Google 了一下創辦人的名字，發覺他因為之前犯下多起類似的投資詐騙案，而不得不改名。於是我就對朋友說，這絕對是詐騙，就算你錢再多也不要冒險投資，不如捐給慈善機構還比較有意義。

　　過了不久，家族 Line 群組中忽然有人丟出一個外國網站連結，裡面的雷朋太陽眼鏡超級便宜！在家人準備瘋狂刷卡購買前，我發現幾個奇怪的地方：第一個是這個網站所販售的價格，居然只要 Outlet 的五分之一，明

顯不合理。第二，如果真的有這麼殺的價格，應該限時限量才對，不然原廠要怎麼面對其他通路的抗議？第三，既然接受線上刷卡，要在網路上傳遞信用卡資料，網站傳輸加密是基本的，但該網站居然完全沒有。最後簡單 Google 一下，果然早有受害者出面指控，於是趕緊告知家人這是騙信用卡資料的假購物網站，這才阻止想大肆採購的家人們。

我的朋友與家人，都有大學甚至研究所的學歷，也在民間企業服務，與社會並未脫節，但仍有可能不小心就遇上詐騙。有沒有什麼簡單的技巧，可以讓一般民眾也能使用，避免辛苦錢被騙光呢？

新冠肺炎發生的期間，身處台美兩地的我，突然有了「原來防疫即防弊」的想法。

防疫能有效的兩個關鍵因素，一是讓民眾認同，二是認清事實。首先，台灣政府官員從疫情尚未大流行開始，即已說明各種防疫措施背後的意義，以及需要民眾如何配合，讓民眾了解這些措施與自身權益的關係，進而認同。第二，一開始防疫的定位，就不是追求完美防堵、零感染，而是最大程度不讓病情擴散，所以要求民眾不要獵巫，避免無法看見病情的真相，反而造成防疫破口。

防弊也是如此。對於企業來說，如果員工了解舞弊是什麼、為什麼要防止舞弊的發生、如何配合這些防弊措施、這些措施對員工自身權益的影響，企業主把員工一起拉進防弊的陣線中，一定比少數防弊專業人員的孤軍奮戰來得更有效。如果我們一開始就認定，舞弊案件一定會發生，防弊目的不是要完全消滅任何舞弊的可能（畢竟任何控制措施都要成本），而是利用有限資源最大程度的防止它到處擴散，最後演變成重大弊案，這樣是

不是更有建設性？因為拒絕相信「我們公司不可能有舞弊」這種美麗的謊言，承認制度不完美與資源有限的現況，接受舞弊可能存在的事實，才能看見真相，採取正確的措施。

對於社會來說，如果民眾知道詐騙集團的手法有哪些，也知道就算自己不被騙，自己的家人朋友受害也會對自己造成影響，那麼一定比政府單方面苦苦宣導來得有用。如果民眾一開始就了解每個人在決策上都有容易被利用的人性弱點，並非所有受害者都貪婪無厭，那麼大家才願意在遇到疑似詐騙案時，積極向外尋求援助。

該如何讓一般員工都能輕易了解防弊的來龍去脈，而且讓老闆和主管可以放膽相信任何企業都會存在舞弊，發生舞弊事件並不丟臉，丟臉的是掩蓋弊案的發生而失去改善的機會呢？

該如何讓一般民眾了解社會上有哪些常見的舞弊手法，以免重蹈他人覆轍，以及如果遇到新型的網路購物、投資機會、甚至愛情騙子等手法，該怎麼樣才能做出正確的判斷呢？

我想，一本有趣的書，應該是一個不錯的起點。可惜的是，即使市面上早已存在眾多防弊專業書籍，從財報舞弊偵測、舞弊心理學、鑑識會計、金融犯罪案例、法律解析，到證照考試的參考書，琳瑯滿目，卻沒有一本涵蓋各主題、也讓一般民眾感興趣又能看得懂的入門書籍。

某天，偶然讀到諾貝爾文學獎作家托妮·莫里森（Toni Morrison）的一句話：「如果你想看的書還沒寫出來，那就自己寫。」雖然知道這句話並不是對我說，但想起能參與各種類型專案、經歷多樣產業、面對多元客戶的機遇，顧問加業界解構弊案實務的完整視角，還有一路以來的摸索

跌撞與貴人相助，我若不好好貢獻所學似乎說不太過去。於是，開始規畫一本力求老嫗能解、幽默風趣易消化、涵蓋面廣的防弊基礎刊物，並私心希望可以成為一般人居家旅行、學習閱讀、無事消遣的舞弊偵防首選讀物。

多數讀者對於舞弊並不是那麼熟悉，因此本書第一部分先介紹基本的舞弊知識，包含什麼樣的行為算是舞弊、職場與社會常見的舞弊行為，以及為什麼會發生舞弊。有了基本的認識後，第二部分則著重於企業該如何面對與回應舞弊，像是舞弊風險管理的框架、舞弊調查、偵測與預防可能面對的困境與解方。面對越來越狡猾的舞弊犯，以及日趨複雜的犯罪手法，舞弊稽核師必須借重科技的力量，方能與之抗衡，所以第三部分利用多個實務案例，簡述數據分析、人工智慧、數位鑑識等技術可如何協助我們進行舞弊調查、偵測甚至預防。最後，只有舞弊稽核師獨力奮戰是遠遠不夠的，第四部分所提到的法律制度得與時俱進，身為「社會良心」的獨立董事與會計師也必須發揮應有的功能，才有辦法攜手防止舞弊的發生。

所以，本書除了想告訴你，每家公司都可能會發生舞弊以外，更重要的是國內外的防弊架構與實務，希望能夠喚起社會大眾對於防弊議題的關注，往重大企業舞弊「零確診」、詐騙案件「持續減少」的方向前進。如果，每天下午兩點鐘，行政院的某位官員也能出來召開記者會，宣布本日無重大企業舞弊，再度「嘉玲」，詐騙案件數量創新低，圓山飯店和台北101還會配合點燈拼出「無弊」二字慶祝，那台灣可以輸出的經驗，就可以包含防弊了。

　　如果說，本書的完成只能感謝一位的話，那一定是我一生的摯愛 Joanna。不管是傻傻的想寫一本還沒找到出版社的書，還是在快要踏入不惑之前跑到異鄉打拚，她總是沒有一句埋怨，全心全意支持我、鼓勵我。可惜的是，她已無法親眼看到這本書的出版了。

　　當然，還要謝謝我的女兒、父母、岳父母、家人和朋友，雖然他們一直不知道我的工作到底在幹麼，也不知道為什麼我要計算郵局一年有幾件舞弊，但總是在生命中給了我好多好多的支持。另外，特別感謝從我搬去加州後就無私協助我料理異鄉生活大小事的 Lisa，沒有她，我不可能在這裡從容完成最後幾章。

　　而本書的出版，除了感謝創辦人金惟純先生、Charlene 幫忙牽線，也很感謝總編輯余幸娟對社會的責任感。她曾對我說：「即使此類書籍歷來市場銷售不大，但我們覺得有責任來出版。」即使說這句話的那天剛好是 4 月 1 日愚人節，也絲毫不減我對於出版業的敬佩。撰寫過程中，《公司的品格》作者李華驎大方和我分享出書的經驗與寶貴建議，好友 Phoebe、Serena、Irene 與 Ruby 一直不吝從讀者角度告訴我哪裡可以調整，編輯淑鈴不厭其煩的幫本書「整骨」，除了文字上梳理得更平易近人，還榨出更多有趣的經驗和讀者分享，在此一併謝過。

　　最後，獻給一直站在正義這一方、在世界各地為舞弊偵防努力的夥伴們。希望這本書，除了能夠給你一些想法，還能在你快要放棄時，適時帶來一點勇氣與力量。

　　韓國電影《熔爐》中有一段話是這麼說的：

我們一路奮戰，不是為了改變世界，而是為了不讓世界改變我們。

LESSON 1

從百億大盜案看什麼是舞弊

我們發現中國學生通常不太懂「cheating」這個字的意思，所以提供了翻譯：舞弊。

——英國利物浦大學，2019 年對國際學生發布的書面聲明

　　一名不到三十歲的金融新貴，長相斯文，有天他到台北一家日本料理名店用餐，由於十分喜歡該餐廳的精緻裝潢與懷石料理，當場決定用 1 億元買下，做為與商場夥伴洽談生意的招待所。他對自家員工也不含糊，身為亞太集團的老闆之一，為了讓員工上下班不用擠公車（當時台北捷運還沒蓋好，無法擠捷運），他貼心幫每個人購置一輛 BMW 代步。對女友更不用說，買了一條鑽石項鍊送她，但擔心女友不肯收，只好說是假貨，不過它實際上是在蘇富比用 1 億元拍來的真貨。

　　這位面面俱到的超級暖男，並非霸道總裁系列小說或偶像劇的男主角。這是一個真實發生在 1995 年，轟動全台灣的重大新聞事件。如果這名新貴再晚一點出生，他的員工就會在拿到豪車的那天，到網路社群平台如批踢踢、狄卡（Dcard）發文感謝，網路鄉民看到一定會瘋狂獻出膝蓋（表示崇拜），還會送上「台灣最佛心老闆」、「國民男友」之類的封號，然後眾媒體再接著歌功頌德，這是多麼完美的人生呀。

可惜的是，他並沒有機會經歷這一切的造神運動。因為這若要成真，得滿足一個很重要的前提：他闊氣灑的大錢必須是合法取得，像是繼承家產、中樂透、或自己努力賺來的。而實際上，他手中的資金全是騙來的，高達百億的金額還打破了台灣經濟史上個人經濟犯罪金額最高的紀錄，且高懸至今。沒錯，他就是喧騰一時的國票案主角楊瑞仁（後已改名楊博智）。即使因國票案入獄後，他也從未放棄金錢遊戲，服刑期間買通監獄管理員夾帶書信，持續與外界人士聯繫，除了炒股外還打算成立油品公司。出獄之後更無覊絆，化名「安東尼楊」與樂陞前董事長許金龍聯手操縱樂陞股價，坑殺投資人。

除了安東尼楊破紀錄的世紀大案以外，新聞報導也經常看到不同類型的弊案，像是無法拒絕廠商裝滿現金的水果禮盒、把賣不出去的幾億存貨先塞給經銷商、財報上的營收不好看就自己加幾個零上去（記得要從後面加）等族繁不及備載，有些弊案甚至頻繁出現在你我的生活之中。不過有趣的是，即使隨處可見，一般人還是無法清楚解釋為什麼某種行為屬於「舞弊」，因為對他們來說舞弊就像是個「熟悉的陌生人」，常見卻從未深入交談。

在外授課時，我經常詢問學員們某些行為算不算是舞弊，而他們通常都會說「是」。他們未真正了解「什麼是舞弊」，而是只要感覺「怪怪的」，或是曾經從報章雜誌、新聞報導、公司內部教育訓練等聽過「不能做的行為」，他們就會認為是舞弊。而對於舞弊稽核師來說，舞弊確實是有一個完整嚴謹的定義。

什麼樣的行為算是舞弊？

無論是《劍橋詞典》的「欺騙別人以詐取金錢的犯罪」、《牛津英語詞典》的「為了取得財物而非法欺騙他人的罪」，或是舞弊稽核師協會（ACFE）的「任何以欺騙為獲取利益主要手法的犯罪」等，都是常見的「舞弊」定義，且各有其著重之處，但是我覺得都不如《維基百科》的版本來得精準。它對舞弊的解釋是：為了獲得不當利益或剝奪他人權利，而蓄意欺騙。

在說明為什麼上述解釋最精準之前，容我先介紹英美法系（common law，或稱普通法）中，對於舞弊罪行的幾個構成要件。英美法系是反覆參考判決先例而歸納出適用社會法條的法律體系，以美國來說，不同州與判例對於舞弊的構成要件不盡相同，少則三個多則九個，[1] 但是可歸納為以下四點：

1. 錯誤表述（false representation）

首先，你必須像吃了謊言豆沙包一樣，提供一項與事實不符（真假參半也算）的資訊給他人。舉例來說，老婆大人婚後明明幸福肥，但某天問你：「北鼻，我變胖了嗎？」，你卻說「拜託，妳瘦到連骨頭都看得一清二楚了，拜託再多吃一點好嗎！」。而所謂提供資訊，不一定要訴諸於文字或聲音，在某些情況下，「未表述」本身也是一種表述（玄吧）。如前例，你因為不忍心傷老婆的心，但又不想睜眼說瞎話，所以你選擇微笑不語，順便摸摸她的頭說「傻瓜！」，這也是一種錯誤表述。

2. 足以誤導（materiality）

只是提供錯誤表述還不夠，資訊錯得多嚴重、多離譜也是構成舞弊與否的重點。至於錯誤要到何種程度才是「夠嚴重」，有一個簡單的判斷方式：當他人知道事實的真相後，絕對沒有辦法一笑泯之，反而會後悔當初為何如此輕信你的話，而且希望時光能夠倒流，重新做出正確的選擇。承前例，老婆大人真的相信她「瘦到見骨」，於是認為家裡體重計一定又故障了，因此依舊繼續大啖美食，不料在員工健檢時量了體重，卻發現婚後到現在胖了整整 10 公斤，於是回家就非常生氣的對你說：「喂！我那是顴骨好嗎，根本不是什麼瘦到見骨！現在開始我要每天去健身房，而且晚餐不能再吃澱粉了！」這就代表你上述的錯誤表述（不管是說謊，還是微笑不語）是錯得離譜、足以誤導的，一旦她知道真相，就會改變她運動和飲食攝取的決策。

3. 必須故意（intentionally）

有了足以誤導的錯誤表述，還是差了那麼一點，你還必須是為了某個目的，而「故意」引導他人做出錯誤決策才行。比方說，老婆大人問她是否變胖時，如果你只是剛好沒戴眼鏡看不清楚，或者旁邊剛好有體型壯碩的老外經過讓她顯得苗條如昔，又或是你在滑手機、打電話心不在焉，因而做出錯誤表述的話，就不能說你是故意的。

1.〈What Are the Elements of Common Law Fraud?〉，Robert D. Mitchell.

圖：構成舞弊罪行四大要件

4. 因此損失（damages）

　　故意誤導造成他人做出錯誤決策，因此造成他人損失（通常是金錢上的），而你通常也因此獲利，這就拼完舞弊的最後一塊拼圖。就上述例子來說，如果你以「瘦到見骨」回答老婆大人，只是因為她若知道自己變胖會非常不開心，所以你故意誤導，只求能過一個平靜的日子，這不能算是舞弊。但若因為經濟大權掌控在老婆大人手上，而她詢問自己是否變胖時，你才剛提出最新一代 Play Station 遊戲機的請購單。根據以往經驗，你知道她只要開心就一定會批准請購單，所以你只好睜眼對她說瞎話。嚴格來說，這種行為就是一種舞弊。

　　現在，我們再回頭看《維基百科》的定義——為了獲得不當利益或剝奪他人權利，而蓄意欺騙，你是否更清楚了呢？

　　如果覺得上面四個要件還是太過複雜，在此提供精華到不能再濃縮的八個字——刻意誤導，不當得利。一開始不直接用此窖藏多年的八字箴言，是因為並沒有人這樣解釋過舞弊，如果不先把各大字典、書籍甚至法律的定義都闡述一番，很難讓人覺得這八字多有道理。

我們與舞弊行徑的距離，原來這麼近

　　以下幾種行為，如果用構成舞弊罪行四大要件來剖析，你認為算是舞弊嗎？

● 把公司文具帶回家給小孩用？
● 利用員購折扣大量進貨再轉手獲利？
● 刷公司信用卡請親友吃米其林餐廳？
● 考試帶小抄？
● 蒐集發票報帳？

　　思考完了嗎？準備公布答案囉！你一定沒有想到，上述行為幾乎都是舞弊。

　　以把公司文具帶回家給小孩用為例，假設公司明訂文具必須用完才能請領，而且只能在公司使用，那麼你為了省下買文具的錢（符合「必須故意」要件），即使公司文具還沒用完，你還是請領了文具（符合「錯誤表述」要件，因為你宣稱自己辦公文具用完了），公司也發給你（符合「足以

誤導」要件），因此造成額外不必要的花費（符合「因此損失」要件），那麼這個行為是可以稱為舞弊的。只是因為幾枝筆或迴紋針沒多少錢，管理成本與效益不符，所以極少員工因此被告侵占，但不代表這種行為就不是舞弊唷。[2] 回家趕快把公司的文具用品收拾收拾，明天歸還吧！

　　而公司提供員購折扣，目的是為了讓員工能夠以遠低於市價的成本好好體驗公司產品，而不是讓員工轉賣賺價差用，所以若你員購目的就是為了要轉手販賣（符合「必須故意」要件），卻在員購申請單上確認是自行使用（符合「錯誤表述」要件），公司也用優惠價販售（符合「足以誤導」要件），導致可用更高價賣給客戶的機會減少（符合「因此損失」要件），那麼這個行為也是舞弊。其實讓公司少賺，你的獎金不是也跟著少嗎？

　　外商公司通常都會提供公司信用卡，讓員工可以因公消費後再行報帳，免去員工代墊和公司撥款的作業。所以請親友吃米其林結帳時，你的皮包內明明有帶私人信用卡，卻刷了公司信用卡（符合「必須故意」要件），事後報帳時的理由填寫為招待重要客戶（符合「錯誤表述」要件），主管審核後順利通過（符合「足以誤導」要件），造成公司支付了與業務無關的消費（符合「因此損失」要件），也絕對是舞弊無誤。到時被公司提告上了新聞，辛苦做的面子可就毀於一旦囉。

　　考試作弊帶小抄的情況就稍微複雜一點。假設是在國家考試中，你明知不能用任何方式作弊，卻把小抄塞入筆管（符合「必須故意」要件），且考試過程中趁監考人員不注意偷偷拿出使用（符合「錯誤表述」要件），國家也因分數達錄取標準而讓你成為公務人員（符合「足以誤導」要件），除了國家聘用資質不符的你還得支付薪資，對於其他原本應該被錄取的考生

來說也不公平（符合「因此損失」要件），很明確就是舞弊。不過，若是學校舉辦的小考，最後一個要件「因此損失」不容易認定，因此比較難斬釘截鐵的說是舞弊，不過絕對是違反校規與道德的不當行為。

承接國科會研究專案的教授，如果因為還有剩餘經費，不花白不花，而要求學生蒐集不相關的發票（符合「必須故意」要件），在申請核銷研究專案費用時使用這些假發票，聲稱這些發票是因該研究案而產生的費用（符合「錯誤表述」要件），學校審閱時並無異議（符合「足以誤導」要件），支付了與研究專案無關的費用（符合「因此損失」要件），也是法院認證過的舞弊行為。為了區區幾萬塊，毀了一生清譽，值得嗎？

經過上述剖析，看到生活中常見的行為居然都屬於舞弊時，是不是非常訝異？我們與舞弊行徑的距離，原來這麼近？其實，只要有心，人人都可以是舞弊犯。

2.〈近 4 成上班族 A 走文具，小心吃上 5 年刑期〉，《欣傳媒》，2012 年 8 月 1 日。

LESSON **2**

在職場叢林中的舞弊樹

這些新官員剛剛受到拔擢任用的時候,每個都忠誠又堅持原則。沒想到當官
久了,全變得奸詐貪婪(原文:豈期擢用之時,並效忠貞。任用既久,俱系
奸貪)。

—— 朱元璋,明朝開國皇帝

　　楊瑞仁盜用商業本票,挪用百億資金炒股之時,是一名年僅 29 歲、
在國票板橋分公司任職的營業員。和其他年輕營業員一樣,他開始涉足股
市只是想藉此多賺點錢,若不是炒作華國股票失利,也不會去打公司資金
的主意;挪用公司資金後,除了自己總是雙排扣深藍色西裝、名錶與大哥
大,也不吝跟女友和員工分享,不是名車就是鑽石項鍊;他看似狡猾,可
以為了趁主管不在偷蓋印章而刻意早到晚退,也記得刪除電腦系統中的交
易紀錄,可是一聽到他的直屬長官為此案件壓力過大跳樓輕生,一度痛哭
失聲,在檢調人員利用國票可能因此倒閉、同事受累等人情攻勢下,心防
馬上就卸下,乖乖認罪了。正如承辦檢察官杜英達所說,他不算是絕頂聰
明,但也不是絕情冷血之人。

　　國科會假發票詐領補助案,最終牽扯了 1,500 多名的國立大學教職
員。其中有許多教授和醫師一生為學術奉獻,作育英才,在社會上都頗有

名望，羽毛都來不及愛惜了，怎麼會和舞弊犯罪扯上什麼關係。至於把公司文具帶回家給小孩用的父母，可能也只是想省點錢或是懶得跑趟文具店，平常還會捐款給弱勢團體，正如你我身邊的朋友一樣。

據法務部矯正署統計，2008 至 2017 年新入監的暴力犯罪者中，約52% 有前科，代表暴力犯罪者多半已有其他類型的犯罪紀錄。相對的，根據舞弊稽核師協會的最新調查顯示，[3] 有高達近九成的職場舞弊犯，之前從未因為舞弊行為而被雇主懲罰或是解職，可以說都是乾乾淨淨的白紙。

奇怪，到底是什麼樣致命的吸引力，能夠把原來誠信正直的人給掰彎了呢？

職場是充滿經濟活動的場域，錢財隨時在我們周圍流動，或是換個角度看，我們都在不屬於自己的財富裡穿梭著。即使資訊系統開始逐漸取代部分人類的工作，但仍有許多重要的管理決策需要人來介入。金錢致命的誘惑，加上容許主觀判斷的模糊空間，導致權力越大、掌握利益越多的人，面臨越艱難的考驗。很可惜的是，最後戰勝的往往都不是人的定力，也不是道德操守。

既然職場布滿了極具誘惑的陷阱，那我們就來看看現代版的「俱系奸貪」有哪些面貌。

前面提過的舞弊稽核師協會，已把常見的職場舞弊歸納為三大類型，每大類底下又延伸出更多、更詳盡的細部分類，因此有個很傳神的名稱

---

3. ACFE 2020 Global Study on Occupational Fraud and Abuse.

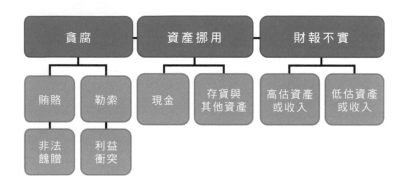

圖：**ACFE** 的舞弊樹

——舞弊樹（fraud tree），而這棵樹也確實是了解職場舞弊的最佳起點。

　　這三大類型分別為資產挪用（asset misappropriation，拿公司文具回家即屬此類）、貪腐（corruption，像是廠商送來裝滿現金的水果禮盒）和財報不實（financial statement fraud，老闆指示營收數字從後面加幾個 0 的那種）。

最常發生的資產挪用

　　首先，資產挪用是挪用什麼資產呢？老闆的簽名照 100 張就算放在茶水間，也不會有人想挪用吧？所以，當然是挪用有經濟價值的東西，像是白花花的現金，以及不是金錢但能變現的東西，比如存貨或其他有價資產。

　　現金的挪用，可以依照被盜取的時間點、方式、公司帳務紀錄與否，分為「還沒記錄在公司帳上前就被拿走」（簡稱「之前」）、「已記錄在公司帳上後才被拿走」（簡稱「之後」）以及「虛報公帳」三種。

　　什麼是「之前」被挪用？某家鍋貼連鎖店遭員工侵占營收的案例中，正常情況是客人買 10 個鍋貼結帳時，員工會把 10 個鍋貼的錢放入收銀機，然後印出總金額為 10 個鍋貼的發票，這樣公司帳務上就記錄了 10 個鍋貼的收入，實際的營收金額和收銀機所記錄的應有金額是一致的。而林姓員工結帳時收了 10 個鍋貼的錢後，發票上卻只打 9 個鍋貼，放進收銀機的錢也只有 9 個，好讓實際營收與收銀機的紀錄一致，而剩下那 1 個鍋貼的錢就放進自己口袋。由於這個鍋貼的錢還沒被記錄在公司帳務上就被侵吞了，因此屬於「之前」挪用。

　　林姓員工一個一個鍋貼的 A 錢，三個月下來總共私吞了 3 萬 9 千多元，雖然因為金額小很難從帳務上發現，但是這種手法會讓結帳動作變得很不自然，因為每結一次帳還得另外把鍋貼錢放到自己口袋，讓同事開始起疑，調了監視器一看才真相大白。

　　至於「之後」被挪用就比較常見。比方說，銀行為了作業和點鈔便利，大多會將 100 張同面額的鈔票以綁鈔帶紮妥，稱為「一紮」，10 紮再用麻繩綁在一起成為「一捆」（1,000 張）。某銀行趙姓櫃員在分行擔任俗稱「大出納」的角色，負責每日下班前入庫金額的清點業務，這些錢是櫃檯人員當日處理完，記錄在銀行帳上後才送進來的。一般的流程是，大出納初步清點鈔票後，再由主管進行覆點，以確保金額沒有短少。久而之，他發現主管只粗略盤點「捆」數對不對，並沒有細數每捆內是不是都有 10 紮（也許趕著下班），因此就利用這項漏洞每日偷偷抽出幾「紮」千元鈔票，不到一年就拿走約 2,000 萬元。這些被侵占的好幾「紮」鈔票，早已被記錄在每日的銀行帳上，屬於銀行的資產，但實際上卻已從金庫消

失,是標準的「之後」挪用。

「之前」挪用要偵測比較困難,畢竟帳務上本來就沒有這筆錢,很難知道有一筆錢被拿走了;而「之後」挪用則因為帳務上早有這筆紀錄,只要細心核對就能發現金額短少。

而現金挪用的第三種「虛報公帳」,則是利用各種名目讓公司付出不該支付的錢,像是利用公款請親友吃飯、透過幽靈員工詐領薪資、謊報差旅費、盜用支票等皆是。台北市砂石公司一名闕姓女會計,除了長相清秀、語調輕柔外,專業能力深受老闆信賴,因此也幫忙保管老闆及公司的印章。不料,闕女拿到公司準備支付給外部廠商的支票時,就將支票上的付款對象改為自己、小孩或男友,從 2012 年開始至 2016 年,陸續侵占公司近 1.5 億元的款項。

以上是現金遭挪用的例子,至於會被挪用的存貨,在舞弊犯考量成功率與投報率的狀況下,大多屬於體積小且高單價的物品,例如:電子產品、貴重金屬等,各位應該沒看過新聞報導棉花被員工侵占吧。某 3C 通路的宋姓男員工持 iPhone 所在倉庫的鑰匙,直接取走 11 支 iPhone 7、22 支 iPhone 7 Plus,再登入庫存管理系統,記錄出貨 33 支。除了變賣這 33 支 iPhone 的所得外,還額外拿到 3,000 多元的銷售獎金。最後,還是店長盤點庫存後才發現他的侵占行徑。

對於有價資產來說,「挪用」則有兩種不同的解釋。

第一種是將資產據為己有。在「麥當勞叔叔之家慈善基金會」擔任志工的冷姓男子,因股票投資失利,動起愛心捐款箱的腦筋,私自拿走了 7,000 多張的公益發票自行兌獎,不僅 4,000 元的四獎中到沒感覺(237

次），還曾中過頭獎，這叫我們這些連 200 元都沒中過幾次的老百姓情何以堪！

第二種則是公器私用。政府單位的局處長，因公外出接洽業務時，是可以安排「單位公務車」司機負責接送的，但是南投縣政府某局處長，連上下班都要求司機用公務車接送。司機得因此申請加班，又得多耗費油錢，這些額外的成本都由納稅人埋單，可以視為變相的資源侵占。

有價資產也不一定要有形，無形的智慧財產通常價更高。某日本工具製造商陸籍中姓員工，將生產汽車零組件的機械設計圖和說明書等 100 份以上資料複製到隨身碟。雖然被捕時聲稱是為了「學習」，但警方發現他早已在社群網站上發訊息給友人表示：「營業機密資料已經到手。」

四種貪腐的行為模式

職場舞弊的第二大類是貪腐，它可再細分成四種：賄賂（bribery，你情我願）、勒索（economic extortion，霸王硬上弓）、非法饋贈（illegal gratuities，禮多人不怪），以及利益衝突（conflict of interest，一人分飾多角）。

1. 賄賂

這是指為了影響決策而行賄、收賄。比方說，某建設公司董事長為了取得合宜住宅、都更或眷村改建案，透過現金、建案折價或是給予承攬土方工程等方式，行賄了時任營建署長官和新北市議員（當然他們也收下了），這就是「賄賂」。有趣的是，該營建署長官也曾到另一家建設公司，

主動開口問總裁要合宜住宅的哪塊地，只要付公告現值 1% 的現金（好幾千萬）即可，但該總裁非但拒絕，還打電話給廉政署具名檢舉。「我愈想愈難過，中華民國的官員，居然能夠上門來張口就要。第二天上午，我打電話給廉政署具名檢舉。沒有錯，是我幹的。」[4] 每當有人說，行賄都是逼不得已，不然生意做不下去的時候，我都會想起這個故事。

2. 勒索

與賄賂的方向相反，勒索是指掌握權力的一方主動向對方要求好處，若不從則會動用手中的權力讓對方「不好過」。舉例來說，有位天生好歌喉的台北市國稅局稅務員，某日帶太太到知名中醫診所看病，看到該診所生意極好，一定賺很大，於是和該中醫師的丈夫相約談判，聲稱她已被列入查稅黑名單，得拿出 150 萬元才能從名單中剔除。該稅務員談判時表示：「某名律師也是我幫忙從黑名單中抽掉，另一間知名整形診所還是我弄倒的，怕了吧。」[5]

3. 非法饋贈

第三種是沒有明確要影響特定決策，純粹表達感謝或拉近關係的「非法饋贈」。例如：台北市建築管理工程處有位工程員，負責施工完勘驗並核發使用執照，他在過年期間收受營造業者贈送的威士忌，半年後發給該業者使用執照。儘管業者說送 12 瓶酒，該工程員聲稱只收到 2 瓶，但雙方都異口同聲表示是過年的社交禮儀，加上檢察官認為送禮與發照時間差了半年，未有明確對價期約關係，因此不起訴。

4. 利益衝突

最後一種則是在 2018 年著名臺灣大學校長遴選事件的「卡管案」中，最常拿出來當神主牌的「利益衝突」。它是指一個人扮演的某種角色，其應該追求的利益，與所扮演另一種角色的利益因為無法並存，產生了衝突，因而將其中一種角色的利益置於另一種之前。再白話點，可以想成是一個人自己和自己下圍棋，怎麼玩都很難釐清自己到底代表白子，還是黑子。

某政府機關林姓主任祕書的兒了開設工作室，即使該工作室根本沒有設計與印刷的設備與能力，他依然要求下屬配合，將多項印刷採購案交給該工作室承攬。這些採購案的底價極不合理，高出市價約一倍，以利再低價轉包給其他廠商承做，而且承攬價格居然恰好與底價相同。林某身為父親的角色，想要支持兒子創業的夢想，但又身為政府機關主任祕書，理應為單位爭取最好的印刷品質與價格。自古忠孝不能兩全，林某兩者相權，最後選擇了當一個「孝子」，而不是一個「忠心」稱職的公務人員。

在面子與裡子抉擇的財報不實

職場舞弊的第三大類「財報不實」，分類上較單純，只有刻意「高估」

4.〈官員上門要錢，太不像話，檢舉葉世文。尹衍樑：我幹的〉，《蘋果日報》，2014 年 12 月 18 日。

5.〈勒索名醫吳明珠，稅員被逮〉，《蘋果日報》，2009 年 6 月 26 日。

或「低估」資產與收入這兩種。簡言之,就是「面子」與「裡子」的抉擇。

對於非公開發行公司來說,裡子比較很重要,帳面上最好不要太賺錢,不然繳太多稅,會心痛的。於是,有老闆不管什麼私人花費都打個統編,不夠還找親朋好友一起共襄盛舉。公司能夠不開發票就不開,一定要開就短開。總之,一切以「讓國稅局覺得公司沒賺什麼錢,但為了理想依舊苦撐」為目標,這就是所謂的低估資產與收入。舉例來說,大陸某知名女演員為了逃稅,與製片商簽訂了「大小合同」(又稱陰陽合同),也就是可見光的「陽合同」用來報稅(金額較小),不可曝光的「陰合同」(金額較大)才是真正的片酬。最後因為與某導演結怨的圈內人爆料,她必須補繳近人民幣 9 億元的欠稅與罰款。

相對的,以上市櫃公司來說,老闆必須面對眾多股東與銀行團的壓力,因此面子更加重要。如果每股盈餘(EPS)太難看,也許大位就要拱手讓人;業績持續衰退,銀行可能就雨天收傘(收回貸款或保全資產)。這都是經營者必須面對的難題。比方說,以貴稀金屬回收精煉而獲得全國創新獎的某上櫃公司,因新產品開發不順、未避險原料大跌,以及員工舞弊(盜賣 450 公斤黃金)等因素,導致財報即將非常難看,為了彌補虧損,於是試圖利用操作衍生性金融商品來進行套利。不料,遇到黃金價格大反轉,越套越虧,董事長心一橫,指示透過假帳和延後認列貴金屬的跌價損失等方式,遞延約 28 億元的損失。理應監督董事會、公司運作的監察人,竟然完全沒有盡到監督之責,還協助做假帳,從 2011 年一路做到 2015 年。不過,若你知道原來監察人是董事長的胞妹,也就不會這麼意外了。「兄妹同心,其利斷金」在這個故事中,又被賦予了新的生命與意義。

　　以上是舞弊樹所涵蓋的全部範圍。

　　不過，舞弊樹畢竟仍只專注於「職場」中「一部分」的舞弊，並非全部。像是貪腐與資產挪用，描述了「加害者是員工或老闆，受害者為企業」的類型，但並沒有著墨「加害者是顧客、供應商、或是駭客，受害者是企業」的樣態，像是顧客購買高單價商品卻用仿冒品退換貨，供應商送貨總是以少報多、以次充好，或是駭客利用商務電子郵件入侵（BEC）方式騙走企業付給供應商的款項等。

　　職場誘惑多，舞弊樣態看似複雜，洋洋灑灑可以長出一棵樹。不過，和社會的諸多險惡比起來，舞弊樹不過是一株小苗而已。

| 弊 | 知 | 課 |

關於舞弊稽核師協會與舞弊稽核師

　　在 1988 年之前，反舞弊（anti-fraud）這門學問一直散見於各個領域中，有屬於會計專業的審計、有屬於法律專業的訴訟、有屬於司法專業的偵查實務、有屬於資訊專業的數位鑑識、有屬於管理專業的公司治理，會計師、律師、司法警察、資訊工程師、大學教授等，都在各自的領域耕耘，大學裡面也找不到「舞弊防治」這樣的科系。

　　直到 1988 年，美國聯邦調查局（FBI）探員出身的威爾斯（Joseph Wells）博士登高一呼，將這些專業人士集合起來，成立反舞弊的專業組織──舞弊稽核師協會（Association of Certified Fraud Examiners, ACFE）。ACFE 是目前舞弊防治界最活躍、最具權威、也最多會員的重要國際組織，成員包含了會計師、內部稽核、數位鑑識專家、資安專家、律師、執法人員、法官、犯罪學專家、公司治理學者等，十分多元。除了提供查弊相關資訊與教育訓練以外，每年還在世界各地舉辦研討會進行交流，而每兩年更新的世界舞弊現況調查報告《Report to the Nations》，更是專業人員不能錯過的參考資料。

　　為了將舞弊防治的專業提升至統一的全球標準，ACFE 推出舞弊稽核師證照（Certified Fraud Examiner, CFE）。由於舞弊專

業所牽涉的領域十分多元，因此 CFE 所需了解的知識領域涵蓋了會計、財務、法律、資訊、公司治理、調查實務與舞弊預防等等，是非常特殊且廣泛的技能組合，加上只能使用英文應考，且考試難度並不低（歷史資料顯示僅五分之一考生能一次通過全部四科考試），因此可以說是舞弊防治專業人員的國際級黃金證照。

　　當年我準備舞弊稽核師證照考試時，由於工作關係經常接觸舞弊議題，加上 CFE 官方教材全為英文又有 2,000 多頁，無法一字一字慢慢讀完，因此我的策略是直接做模擬考題，扎實弄懂每一題所提及的知識重點，答錯或是純粹猜對的部分再到官方教材找到對應的章節來細讀，教材若寫得不夠清楚再 Google 或是詢問專家。準備過程十分辛苦，但是發現非常多之前沒有著墨的領域，像是訪談技巧、心理學、法律程序等，獲益良多，也深深感到自己在這博大精深領域中的渺小。

社會在走，防弊常識要有

如果某件事情好得不太像真的，那多半是舞弊。
——羅恩・韋伯（Ron Weber），知名運動主播

在前總統陳水扁找他進行塔羅牌占卜之前，黃琪早已行「騙」天下。

報章雜誌最早的紀錄，是 2007 年 1 月。他冒充《台北之音》音樂總監，至慈恩園向車禍意外身亡的女星許瑋倫上香；同年 4 月，又謊稱自己為某位《台北之音》DJ，在網路聊天室散播援交訊息；次月自稱留英雙碩士並謊報年齡，取得某雜誌執行副總編輯工作；同年 6 月，因為太常請假而拿不到國中畢業證書，所以大鬧學校。當然，請假用的醫院診斷證明，也不會是真的。

什麼！？國中畢業證書？是的，當時他才國中三年級，本名黃照岡。畢業之後化名為黃琪，聲稱塔羅牌占卜資歷 10 年，連時任總統陳水扁都曾密訪其工作室。即使獲封「騙扁少年」稱號，詐騙生涯達到最高峰後，他還是不曾停歇。2010 年 5 月，佯稱為管理顧問公司副總，可協助投資證券期貨，讓交友網站結識的江姓男子交出信用卡、金融卡與密碼，最後冒名刷卡與盜領共 167 萬；2011 年 3 月開始假冒頂新集團魏姓小開身分，先是申辦俗稱「黑卡」的頂級信用卡，虛設人頭公司盜刷新台幣 600 多萬入

帳，再以投資高雄知名豪宅建案為由，向宋姓女子詐得 190 萬。

假釋出獄後，繼續重操舊業，2016 年 5 月時假冒為國泰集團豪門第三代名媛，向各大五星級飯店訂房並要求免費升等與折扣，成功省下升等房費與餐飲服務費；又聲稱是該名媛的親戚，與男友免費試駕德國豪車一週；接著宣稱自己是某女藝人丈夫的祕書，幫男友爭取到期貨交易手續費半價；2017 年 4 月又假扮知名影星助理向知名飯店騙取優惠；2018 年 3 月於電話中偽裝為某名醫妻子申請台大網路電話分機後，再利用該分機「喬病床」。

新冠肺炎期間他也未與詐騙隔離。2020 年 4 月佯裝為香港首富李嘉誠女祕書，聲稱李嘉誠欲捐口罩，向中衛訂購了成人與兒童口罩各 5,000 片、酒精棉 100 盒。

同樣是青少年詐騙犯，黃琪也讓人聯想到 21 歲前冒充過不下八個身分行騙全球的艾巴內爾二世（Frank William Abagnale, Jr.），他最後出書侃侃而談自己的荒唐經歷，還被翻拍成賣座電影《神鬼交鋒》（*Catch Me If You Can*）。只不過，艾巴內爾二世最後改邪歸正，為美國聯邦政府工作，成為安全顧問與講師，並教導 FBI 探員反詐欺的實務與知識，還自行成立了防範經濟詐騙的顧問公司；而黃琪至今仍在使用冒充名人的伎倆，從未真切反省，也難怪他的母親在出庭時會說：「希望兒子死掉算了！」

職場之外的眾多舞弊

即使黃琪詐騙經歷豐富，也沒有辦法把職場以外的舞弊全部表演一遍，因為真的太過多元，而且舞弊樣態總是持續不斷進化。

1. 假借親友出事勒索

詐騙始祖的超級老梗,從一開始的小孩被綁架要求贖金,到後來出現欠錢不還、為人作保因而被黑道帶走,或是急需調頭寸等變形手法。即使早已常見到連新聞媒體都懶得報導,至今仍有不少民眾還是會上當。台北一名陳姓男子在 2020 年 3 月接獲兒子被黑道綁架的電話,要求 90 萬元贖金,心急之下陸續匯了近 20 萬,最後才發現兒子好好的在公司上班。

2. 聲稱涉嫌犯罪

也算是常見的詐騙手法,自稱是檢察官、警察或法院,告知被害人與犯罪扯上關係(如遭歹徒冒名開立帳戶或申請信用卡、個資外洩遭歹徒利用等),因此需要配合辦案,並要求透過一些步驟來釐清真相,而這些步驟,多半就是匯款或交付現金給詐騙集團。為了讓劇情更逼真,甚至還會先假冒銀行行員或電信公司通知遲未繳款,或是戶政單位通知換發新身分證,然後告知被害者出問題了,再轉給同夥扮演的檢調機關。

2020 年 5 月台中一名陳姓女子接到檢察官電話,告知她將證件隨意借給他人,被拿去抵押借錢買毒品,如果不付 40 萬就要移送法辦。陳姓女子馬上到銀行領錢,所幸在行員的關懷提問與警察介入下,才保住辛苦賺來的 40 萬。

3. 網路購物詐騙

最普遍的手法是接到網路商家來電,聲稱不小心把一次性付款的金額設定為分期付款,要求至 ATM 按照歹徒指示設定解除分期付款,實則是

匯款至詐騙集團帳戶。近期則多是以低於市價、限量、即將出國等理由，催促買家匯款後，隨即人間蒸發；或是賣家宣稱販售商品絕對是真貨，若是假貨賠償三倍，但消費者收貨時發現品質粗糙肯定是假貨，想要向賣家申訴要求賠償，結果發現包裹內還有另外三個一模一樣的假貨，這才了解賣家「假一賠三」的意義。

自 2020 年 3 月開始，以游姓主嫌為首腦的詐騙集團即以原價九折左右，販售熱門的 3C 商品或是到處缺貨極為難買的遊戲機，當被害人匯款後就會搞失聯，詐騙金額超過 60 萬。

4. 神奇投資

利用複雜難懂的技術（如比特幣、程式交易、生技醫療、能源、期貨等），宣稱投資報酬率穩定、又遠優於其他理財商品，再搭配老鼠會的上下線獎金結構，鼓勵投資人除了自己大量投入資金，更要「呷好逗相報」，給別人一個創造被動收入、盡早財富自由的機會。然而，初期看似優渥的報酬，其實都是新進會員的會費，是典型的「龐氏騙局」。

高雄市一名男子 2018 年因緣際會參加某比特幣的投資說明會後，聽聞每天可以有 1% 的報酬，自己立馬投入百萬，還拉了將近 70 位親友一起加入，隔年 11 月才發現這個投資介面再也無法運作，千萬資金就此化為烏有。

5. 宗教斂財

聲稱已成道或是神佛轉世降臨人間，具有法力能夠改運解厄，清除業

力，要信徒購買各種高價商品，或是供養金錢，甚至以雙修名義要求進行性行為。一名自稱五教共主的徐姓男子，於 2020 年聲稱「肺炎或流感都是邪惡正神由人的心進入處罰，產生病症」，只要聽他的歌或入他的黨就能救治新冠肺炎。即使引起一片譁然，他也不為所動，還強調：「若醫療單位或檢調對我調查，那不是在調查我，等於是在調查上天！」

6. 愛情騙子

透過各種管道認識被害人，每日噓寒問暖又甜言蜜語，讓對方以為自己真的遇到真愛後，再以各種理由套取錢財，像是家人生病急需醫藥費、大好投資機會、暫時代墊借款等。

新竹一名劉姓女博士，在網路上認識一名正在利比亞出差的美軍指揮官 David，長期負責打擊國際恐怖分子，未來將會是美國中情局局長，還向她求婚。未婚夫的旅行支票在利比亞因故無法兌換，於是寄來 37 張面額 500 歐元的美國運通旅支，希望她可在台灣代為匯兌，當成他們的結婚基金。不過，得請她先匯 3 萬美元過來，這樣才能租用軍機飛來台灣娶她。劉女至兆豐銀行兌換時，遭行員發現為偽造旅支，報警將她逮捕。

7. 考場舞弊

由於國營事業與公務員工作穩定，各種福利和補助又多，許多人搶破頭都想捧鐵飯碗，因此就出現找槍手代考或電子設備舞弊等作弊方式。中油在 2016 年爆發 20 年來最大的考試舞弊案，部分考生以 120 萬至 180 萬元的代價，找舞弊集團偽造證件用槍手代考，或是戴上電子設備作弊。

為了找出作弊考上的員工，中油於新進員工報到時針對部分員工重測國文、英文兩科，題目與當初考試相同，時隔不過 3 個月。結果發現其中 16 位員工重測分數比當初錄取少了超過 30%，一位黃姓員工最誇張，招考時為 93.75 分，重考竟只剩 26.25 分。最後，這 16 位疑似舞弊的員工遭到解雇。

8. 求職陷阱

假借徵才名義，實際上要求購買產品、多層次傳銷、投資，或是預先繳交各種費用，像是服裝費、保證金、會員費、試鏡費等，又或是求職者的證件遭到盜用，拿去申請貸款或成立人頭公司，最慘的還不知道自己錄取的是非法工作。

台北一名戴姓男子在 2020 年 5 月於社群網站上看到海產店外場服務人員的徵才廣告，免經驗、時薪又高，應徵後對方表示此份工作是和遊戲機台擺設有關，部分機台會放在海產店內，但他剛入行經驗不夠，得從「收取機台費用」開始學。於是，戴男第一天上工就依照指示到各個金融機構 ATM 取款，結果剛好被執行「防制車手」勤務的警察逮個正著，才知道自己已經淪為詐騙集團共犯。

9. 駭客釣魚

利用簡訊或是電子郵件發送各種看似正常的訊息，誘騙你點擊連結或是下載檔案，藉此得到你的帳號密碼，或在你的手機或電腦裡面安裝木馬程式取得控制權，或是安裝勒索病毒要錢。台北一名張姓男子收到的簡訊

提到自己的網購商品送貨失敗，點擊連結後進入看似宅配公司的網站，依指示輸入了信用卡資料，結果信用卡就遭到盜刷。

10. 黑心企業

公司經營遇到困難、技術上無法突破、想追求市場領先地位，或純粹想賺取暴利，因而提供品質不符、甚至對人體或環境有害的商品。

2014 年爆發的劣質油品（俗稱餿水油）事件，是由屏東一名不識字的老農，自行購買數位相機蒐證了 2 年，不遠千里到台中找警察報案，最後才讓郭烈成的地下油廠和強冠的無良惡行曝光。郭烈成收購來源不明的動物屍油、飼料牛油、回鍋油後，重新煉製販售給強冠。而強冠明知是劣質油品，仍持續購買並摻入正常豬油中，以「全統香豬油」銷售給多家知名下游廠商。

社會上的險惡真的寫不完，上述十個只是最常見的樣態，其他像是「恭喜中頭獎但請先繳稅」、「因網路援交遭到威脅恐嚇」、「假借幫助長者辦理各種補助申請，實則盜領存款」等，對我們來說都不陌生。為了讓人更不易察覺，詐騙集團甚至還會結合不同樣態，用更細膩的複合式手法提高成功率。

這種能夠隨著受害者反應和社會時事一再調整優化的能力，導致職場以外舞弊的範圍十分模糊，更不用說明確分類了。《富比士》（Forbes）雜誌有篇文章中提到，多數法院都同意，由於人類驚人的創造力，造成新的舞弊類型如雨後春筍般冒出，因此幾乎很難明確框定。[6] 而在 2019 年送進

立法院審議的《揭弊者保護法》草案立法說明中，也闡明因社會變遷，並鼓勵不同弊端類型的揭弊者，主管機關可以視實務需要，將新型舞弊樣態的揭弊者納入保護的範圍。

我想，這也是非職場舞弊無法用一棵樹來歸納的主因吧。

被騙都是受害者自己的問題？

看到新聞播報上述詐騙受害者落入陷阱的經過，你一定曾經這樣想過：這種萬年老梗、明顯不合理的爛劇情，怎麼會有人傻傻相信，一定是智商不夠或是社會歷練太少。沒有常識，也要常看電視，被騙真的不能怪別人。

在這麼武斷判定受害責任之前，讓我們先了解以下幾個關於受害者或騙局的迷思。

1. 騙子都是隨機選擇下手目標

那些打電話說兒子被綁架，或是發郵件恭喜中獎的詐騙案例，並非全是亂槍打鳥。因為詐騙集團資源有限，所以一定得先對下手的目標做過初步篩選。

以綁架為例，詐騙集團如果不先知道目標的年齡，結果是一個大學生

6.〈Trying to Define 'Fraud' Under Federal Criminal Law〉，Lawrence Bader，2011 年 10 月 9 日。

接到小孩被綁架的電話，浪費寶貴資源不說，「詐騙集團想騙人卻被愚弄」的笑柄會讓他們在業界名聲掃地。還有，他們也會挑時間打電話，不然如果下班或假日的時間撥過去，目標的小孩可能就在身邊，根本沒用。

至於恭喜中獎的郵件，之所以總是寫得這麼粗糙又漏洞百出，並不是因為詐騙集團不思長進或請不起文膽，而是看到明顯是詐騙的信件，還願意相信而且主動聯絡的人，才是他們的目標客戶。花越多時間處理成功率低的精明民眾，投報率就越低，因此才需要這種方式進行過濾，找出好騙的人來下手。

另外，在一些算命占卜或是愛情騙子的案件中，厲害的騙子觀察力極為敏銳（畢竟是用來吃飯的傢伙），透過一些微小的線索，如說話的音調與手勢，搭配冷讀術（cold reading），以及巴納姆效應（Barnum effect），即可窺入人的內心世界，然後找到對的切入點，獲得你的信任後，接下來就能寫出專屬於你的詐騙腳本了。

冷讀術其實只是透過問問題、觀察你的微表情，判斷是否猜對，接著繼續往對的方向問，簡單來說就是一種「見人說人話，見鬼說鬼話」的能力。而巴納姆效應則是一種人性弱點，指的是人們對於別人用一些廣泛、模糊不清、放諸四海皆準的描述來形容自己時，常常很容易就會接受它，相信它的真實性。舉例來說，如果人們一開始就相信某些人格描述是專為自己量身訂做，而不是隨便從網路或星座書上抄一抄，就會認為這個描述非常精準、根本就是在說自己，即使這個描述隨處可見，再平凡不過。

所以當你看到某某專家，對於未來一週你的星座運勢預測，或是算命仙問你最近是否剛失戀時，別再傻傻的說：「你怎麼知道？好準唷！」

2. 受害者都很貪婪

　　首先要認清的是，很多舞弊樣態和錢一點關係都沒有，像是親友出事、涉嫌犯罪、網路購物、宗教斂財、愛情騙子、求職陷阱等，都不是受害者貪婪錢財而造成。以宗教斂財為例，信徒都希望從人生的虛無中尋找意義，希望能成為更好的人，渴望信仰能為人生賦予價值，提供方向，而不是為了能夠拿到更多錢而加入這個宗教。

　　再者，其實很多人類為了生存下來而演化的「特點」，會變成騙子善用的「弱點」，而這些弱點每個人都有，無關貪婪。像是每個人都自我感覺良好，以及對未來都充滿樂觀（不然怎麼活下去），所以當客觀上不太可能發生的好事，居然真的發生在自己身上，都會相信自己是特別受幸運之神眷顧的好人，好事本來就會找上門，而不會降臨到別人身上。另外，一旦投入非常多精力在某件事物上，即使有再多的證據顯示不應該再繼續，人多半還是會堅持下去，這是所謂的「沉沒成本」，也是為什麼同一個人可以被騙好幾次的原因。最後，我們雖然嘴巴上說不在乎別人的觀感，但其實很在乎名聲，所以許多受害者羞於曝光見報，最後都選擇私了，因而讓這些詐騙犯繼續逍遙法外。

3. 菁英或知識淵博的人不容易被騙

　　詐騙案例中，受害者不乏高學歷知識分子、大學教授、醫生、會計師、企業執行長、各領域專家、甚至總統，這些人哪個不是知識淵博、見多識廣的呢？結果最終也是照樣被騙得團團轉。在 6,000 萬美元假畫案中，身為藝術家的紐約知名畫廊主管，遍覽群畫，居然也看不出這些畫是

贗品，都是由中國移民畫家所臨摹。不只畫廊主管沒發現，這些假畫在拍賣之前還通過不少藝術專家的背書呢。

　　當你看到社會的諸多險惡，千奇百怪的舞弊詐騙方法這麼多，手法還一直在進化，甚至為受害者特別客製化，再加上你我身上又保留這麼多遠古留下的心理弱點，再多的知識也不能保證不會上當，就可以知道被騙真的是非戰之罪。這就像是你行走在滿布地雷的南北韓交界區時，腳下的鞋子裝了個強力磁鐵，一直讓你的腳直往埋有地雷的地面踩，你要活著走出地雷區，這是多麼不容易啊。

　　所以，下次當你再看到這類型的新聞，與其嗤之以鼻訕笑受害者，不如想想若自己身處受害者的境地，該怎麼樣做才能減少被騙的機會。畢竟，每個人都會有抵抗力弱的時候，我們得隨時做好準備，才不會成為新聞上的主角。

　　那麼，是不是只要獨善其身，讓自己不受騙上當，就可以不被舞弊所影響了呢？

LESSON **4**

在舞弊面前，
沒有人能置身事外

病毒面前，人人平等；在人面前，病毒卻不平等。
——佚名

　　身為舞弊防治顧問的那些年，除了被動等客戶發生舞弊事件，我們還會主動拜訪客戶，介紹預防舞弊的重要性、如何偵測舞弊事件、事後調查注意的事項，以及顧問在專案過程中可提供的協助。一直以來，極大多數的老闆都不太喜歡聽到「舞弊」二字，總認為那是其他公司管理不善才有的副作用，自家公司不可能會發生，彷彿承認會發生舞弊，就是懷疑他的經營能力。

　　每當我看到這些老闆斬釘截鐵說自家公司不會遇到舞弊，都不禁想知道他們的自信從何而來？

　　莫非是早已知道哪裡可能有舞弊，所以老神在在？但是以我之前輔導客戶的經驗發現，台灣只有極少數企業曾經進行「舞弊風險評估」，全面針對公司作業現況進行舞弊健檢。如果幾乎沒有企業做過這樣的檢查，沒有拿到檢驗報告，又怎麼知道哪個環節會發生舞弊、要怎麼改善現況防止舞

弊發生呢？

　　還是企業主認為已經有非常嚴謹的內部控制制度，所以沒有舞弊的空間呢？可是以台灣金融業為例，早有遠比一般行業更為嚴格的內控要求與政府監管力道，結果，僅 2019 年至少就有 10 家銀行爆發了理專挪用客戶資金的弊案。

　　抑或是覺得公司裡的員工都服務多年了，早就視公司為一個大家庭，所以值得信賴？不過老臣背叛的案例比比皆是，一點都不稀有。比方說，新北市一位在飲水機廠工作 30 年的資深女會計，就利用老闆對她的信任，除了侵占公司工廠土地，還一點一滴慢慢蠶食了近 2 億元公款。

　　或者，認定擁有正直的企業文化，所以員工都會遵守道德規範？然而，即使如台積電創辦人張忠謀這般以身作則，連太太拿了幾本台積電筆記本都問有沒有付錢的誠信正直企業主，內部還是有一名郭姓工程師每月私下向廠商收取「顧問費」1 萬元，期間長達 10 年，總計逾百萬。

　　也或許是領導人的作風嫉惡如仇又魄力十足，因而認為員工不敢以身試法？像潤泰集團總裁尹衍樑曾霸氣拒絕政府官員索賄，還具名檢舉，沒想到他投資的南山人壽還是爆出一名葉姓基金經理人，買股之後將消息告知 Line 群組內 200 位成員，涉嫌利用公司資金炒股，並經營地下投顧。

　　又可能是認為公司規模小，沒什麼錢可讓人覬覦？然而，許多外商在台的子公司，規模也都不大，所以常有一人身兼多職的狀況，這反而造就了舞弊的大好機會。我曾協助一家日商在台子公司調查弊案，該名舞弊犯身兼財務、會計、人資與總務四大職務，因此可以每月任意為自己調薪，並大幅調升自己年終獎金的金額。

　　既然做過舞弊健檢的企業少之又少、天下沒有完美的內控制度、老臣遠不如想像的忠心耿耿、企業文化的正直風氣也不如台積電、企業主霸氣又比不上尹衍樑、而且公司規模大小更不是舞弊是否發生的主因，那麼為何不好好正視問題，承認絕對有舞弊的可能性，誠實面對找出解方呢？

　　根據 ACFE 的調查，企業每年因舞弊造成的損失，約莫就是年營收的5%。台灣不少製造業都是「茅山道士」（意指毛利 3% 到 4% 的產業），毛利並不高，所以如果在老闆面前把相當於公司一年營收 5% 的鈔票燒掉，絕對會氣得跳腳，因為原本的低毛利可能就因此燒光光，而且還不夠燒，弄得轉盈為虧。既然營收 5% 不見絕對會跳腳，那舞弊為什麼和老闆們無關呢？

　　如果你不是老闆，只是領薪水的上班族，那麼舞弊是不是就和你沒有關係了？

　　關係可大了。

舞弊究竟干我什麼事？

　　倘若你是管理階層，員工瞞著你收受賄賂或盜用公款，你該如何處理與善後？身為主管的你，有沒有督導不周的責任？這樣的疏忽會不會成為履歷上的污點？如果嚴重到造成公司或投資人的損失，可能還得面臨求償的訴訟。甚至，如果員工誣陷你，聲稱這些決策都經過你的同意，或是謊稱是你交辦的，想拉你一起下水，怎麼辦？

　　前面提到銀行理專挪用客戶資金的案件頻傳，時任金管會主委顧立雄已下最後通牒，若 2020 年再發生理專挪用弊案，將向上究責至總經理。

而之前發生的理專挪用弊案，部分銀行也被要求檢討總行主管和分行經理的責任。

如果你不是管理階層，只是聽命辦事的基層員工，那舞弊是不是和你八竿子打不著了？

很抱歉，想得美。

如果你的主管為了從公司的口袋偷出更多錢，所以向你暗示說若一起參加就是兄弟（或姊妹），考績絕對最高，不參加就準備調職或離職，那你答應還是拒絕？或是老闆持續在掏空公司，虛設一堆人頭公司的時候，藉口要給你歷練機會、創造舞台讓你發揮，於是讓你兼任人頭公司的負責人或董事長，你搞不好還會痛哭流涕感謝老闆的提拔，殊不知只是頭銜好聽的代罪羔羊。在舞弊案的新聞報導中，不乏涉案老闆被逮之後的辯詞是：「細節部分我不清楚，都是幕僚處理的」，事跡敗露時難道你還冀望老闆會情義相挺嗎？

製造汽車窗簾並以外銷為主的皇田工業，2008 年因操作衍生性金融商品而產生 6.3 億的鉅額虧損，當時公司對外公布的重大訊息，直指財務部林姓副理未經授權操作外匯衍生性金融商品，產生鉅額損失。但事實真的如此嗎？

細看裁判書，[7] 你會發現因為公司收付大額外幣，為了避免匯率變動過大侵蝕利潤，所以董事長、總經理與財務主管都同意授權由林姓副理實際操作衍生性金融商品，將交易授權人員和確認人員都指定給她。第二，為了不讓皇田本身的財務報告受到衍生性金融商品操作的盈虧影響，董事長、總經理與財務主管決議設立境外人頭公司，把盈虧藏在這家公司，而

林姓副理的老公還被借當人頭。第三，其實一開始的衍生性商品操作都是賺錢的，只是 2008 年全球金融風暴，導致重大虧損。若你是林姓副理，看到公司發布的公告、新聞上未審先判的報導，是否會心寒到極點？

所以，不管是什麼樣的公司、什麼職位的人，在職場舞弊面前，全都是平等的，沒有公司、也沒有任何人可以置身事外。

你說那我不工作，總可以吧？

可以，但別忘了，還有職場以外的舞弊等著你呢。

假設你聰明過人，每次考試都一百分，絕對沒有人能夠從你身上騙走一分一毫。那麼，你身邊的家人呢？你能保證另一半不會遇上宗教詐騙，把身家全都捐給師父了，最後還要和你離婚嗎？你能確保爸媽不會聽信穩定高報酬的比特幣投資詐騙，把退休金全賠上了還不夠，只好拉你一起下水嗎？你能確定小孩不會沉迷網路，變成現代「火山孝子」，狂刷你的信用卡來斗內（donate，贊助之意）給火辣直播主，害你慘遭老婆誤會罰跪鍵盤嗎？

而且，通常覺得自己既聰明又獨特，一定可以手握人生主導權，不可能會被那種低級騙術給欺騙的想法，正是人性其中一個弱點──「扭曲的理想自我形象」，而這個弱點，通常是舞弊能夠成功的重要因素之一。

同樣的，在非職場舞弊面前，大家都有機會。

---

7. 臺灣臺南地方法院 99 年訴字第 394 號刑事判決。

破弊之道

對於職場以外的舞弊，如果要保護自己或家人，不要淪為詐騙受害者，除了多看新聞了解已經發生過的舞弊樣態以外，還有以下兩個方式可以降低被騙的機率：

1. 遇到問題「不吝求助」

與錢財有關的重大決定，或是只要直覺稍微感到不對時，務必徵詢多元的意見。像是遇到朋友介紹你投資不熟悉的商品、求職內容是「收取機台費用」、協助申請補助、網路戀情提到匯款或投資等，可以詢問你信得過的家人或朋友、上臉書問問臉友的意見，或是自行到 Google 搜尋，絕對會有意想不到的效果，甚至幫你省下辛苦賺的錢。

2. 時時提醒「自己不是個咖」

我們一點也不特別，也不幸運。所以當一個美國的戰地指揮官，需要透過網路認識在台灣的女生，而且還說要搭軍機飛來結婚時，請一笑置之。一個網路上看起來五官極為精緻、身材姣好的美女，居然不理現實眾多的追求者，反而使用交友軟體主動和你聊天，而且迅速愛上你時，你要知道當中一定有鬼。當你接到綁架電話時，可以先冷靜想想綁匪為什麼冒著擄人勒贖罪最輕 7 年以上重罪的風險，去綁一個付不出多少贖金的普通家庭，而不去綁富商的小孩。想通了世界上沒這麼傻的綁匪後，相信你就可以冷靜看待這通電話了。

那麼，職場舞弊的破弊之道呢？我們會於後文分別詳細介紹如何培養查弊力（調查舞弊案件）、揭弊力（偵測舞弊情事），以及防弊力（預防舞弊發生）。

在介紹職場破弊之道之前，讓我們再次深入探討，到底是什麼樣致命的吸引力，能夠把原來誠信正直的人給掰彎了呢？

LESSON **5**

舞弊犯的三角習題

人不會一覺醒來就對自己說：「今天開始我要變成一個舞弊犯。」而是一步一步慢慢失去初衷，就像走在滑坡上一樣，最後停不下來、一發不可收拾。
　　——辛西婭・庫珀（Cynthia Cooper），世界通訊內稽副總裁兼揭弊者

　　年營收百億的南港輪胎，採購是油到出水的超級肥缺，因為 20 多年來，累積採購金額已經超過 600 億元。因此，掌握採購大權的資材部主管，必須交給一個絕對可以信任的人，而陳啟清在當時眾董事的眼中，就是那位值得信賴的人——至少一開始是。

　　認為他值得信賴的原因很多。

　　首先，他家境富裕，絕不缺錢。據傳，陳家是竹北大地主，在高鐵區擁有上千坪的土地，在新竹市的精華地段有一棟透天厝，一樓並未出租當店面，而是拿來當車庫停放車齡約 10 年的老豐田。他的個人名下也擁有 2,000 多張南港輪胎股票，在個人股東中排名第三，市值約 7,000 多萬左右。這麼有錢的人，還需要貪嗎？

　　再者，他的生活樸實，個性低調。除了老豐田已經開了 10 年之外，透天厝內部裝潢簡單，公事包早已磨得破破舊舊的，全身上下連個名牌都沒有。物質欲望如此低的人，哪裡會想貪呢？

最後，他在公司服務多年，忠心耿耿。自 1978 年加入公司，從資材部基層幹起，一路擔任課長、副理及經理，並於 1996 年經董事會同意晉升為協理。他在公司服務了 36 年，職場上最精華的時光都投入這家公司了，這麼忠誠又受重用的人，怎麼會去貪呢？

最不需要貪、不想貪，也不會去貪……這麼完美的人選，沒想到最後還是貪了。

陳啟清從晉升為協理的前一年開始，除了與橡膠原料代理商收取每噸 40 至 50 美元，或採購金額 10% 做為回扣之外，連報關行的辛苦錢也不放過，19 年以來共搜刮了新台幣 5 億多元，其中 2 億 8 千多萬元還是以現金方式放在新竹家中的多個鞋盒與行李箱內。根據當時承辦員警表示，共動用了 6 台點鈔機花了 6 小時才全數清點完畢，且點鈔時滿屋子都是濃濃的油墨味，令人想吐。當然，這 2 億多元也創下了台灣史上單一案件查扣現金總金額最高的紀錄。

為什麼這麼多錢不好好放在原本那 60 多個人頭帳戶，反而要放在家中呢？據報載是因具警界背景的新任董事長上任後，隨即依照廠商檢舉內容，逐漸蒐集掌握陳啟清收賄事證，並將其暫時調離現職。感到不妙的他，才開始將錢從戶頭一一領出，暫放家中。[8]

事件爆發後，各種傳聞不斷。除了在辦公室搜出壯陽藥與一名女子出

8.〈南港輪胎協理貪霸，家囤 2 億鈔〉，《中國時報》，2014 年 7 月 17 日。

遊的親密照，[9] 他還自爆在新加坡某帳戶藏了 800 萬美元，並背著公司到中國投資輪胎工廠，年賺千萬。[10]

　　當初同意他晉升的董事，心中一定有個疑問：為什麼最不可能舞弊的人，最後還是舞弊了呢？

經典的舞弊三角

　　最簡單但有力的答案，可以從探討舞弊行為成因的「舞弊三角」（fraud triangle）切入。它是由美國白領犯罪先驅唐納德・克雷西（Donald Cressey，簡稱小唐）首先提出完整的初始架構，後來經舞弊研究界知名學者史蒂文・阿爾布雷希特（Steve Albrecht，簡稱小史）稍微調整包裝。

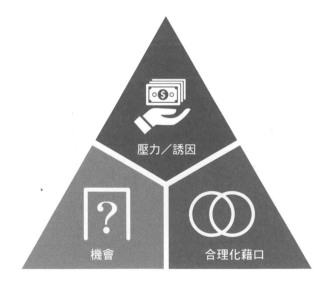

圖：舞弊三角

　　經過嚴謹篩選，針對 133 位白領罪犯每位進行平均 15 小時的深度訪談後，小唐歸納出這些人之所以會舞弊，幾乎都同時滿足了以下三個條件——必須獨自承擔的問題（non-shareable problem）、發現可解決前述問題的機會（identification of the opportunity）與自我心態調整（vocabularies of adjustment）。

1. 必須獨自承擔的問題

　　這些白領罪犯多半遇到財務上的困難，但是因為拉不下臉、不願示弱，或是不想失去別人的尊敬，所以不肯向旁人求助，問題也因此變成「無法共同分擔」，必須獨自承擔，「像個男人一樣」自行解決。這對許多男性來說並不意外，有人連開車迷路都不願意開口示弱，寧可靠石器時代遺留下來的狩獵基因與方向感，不到最後關頭絕不問路（最後關頭還是旁邊看不下去的老婆開口問了）。迷路這種小事如此，更何況是經濟上的壓力呢？

2. 機會

　　接下來，還需要可以祕密解決（為了面子）這個問題的「機會」。小唐提到，白領罪犯必須有足夠的知識或資訊，才能夠發現有舞弊的機會存

9.〈南港輪胎協理，疑拿回扣養小三〉，《自由時報》，2014 年 7 月 18 日。
10.〈南港輪胎案，陳啟清：800 萬美元藏在星〉，《自由時報》，2014 年 11 月 13 日。

在。比方說，發現每次送單據給上司簽核，上司幾乎連看都不看就簽字了，甚至讓你代簽，久而久之你就知道這個「漏洞」，剩下端看你如何善用它，畢竟連東風都有了，再不成事真的很說不過去。明朝權傾一時的宦官魏忠賢尤其是個中高手，他不只能發現機會，還可以主動「創造」機會，總是趁著木匠皇帝朱由校做木工做得全神貫注進入忘我之際，拿重要的奏章去請他批閱，他就會不耐煩的說：「朕已悉矣！汝輩好為之。」（白話翻譯：我知啦，你們自己看著辦），最後魏忠賢就輕易把持朝政了。

還有某日商在台子公司新任董事長上任後，發現前任董事長薪水居然比他還高，除了對薪資感到生氣、失望與難過之外，也覺得人資主管行為舉止怪異，因此來找我們協助進行弊案調查。初步調查後發現，人資主管確實有問題，因為她擅自幫自己加薪，還幫她討厭的人扣薪。原以為會是非常細膩複雜的手法，結果「漏洞」大得離譜，因為所有員工每個月要發多少錢，全部是用 Excel 管理和記錄，而這個 Excel 檔只有她的電腦內才有，自然想調多少就調多少。

3. 自我心態調整

最後一個要素是最抽象，但每個人一定都常常經歷過的「自我心態調整」，也就是「自圓其說」。沒有人認為自己是壞蛋，也都受過教育的薰陶，雖稱不上明辨黑白，但至少知曉是非。因此，一旦發現自己居然似乎做了不該做的事情，就會開始啟動安撫自己的調整機制，來讓自己心裡好過一點，晚上也能睡得稍微安穩。這種「合理化」的過程，在減肥、戒菸、甚至上摩鐵被抓包的過程中極為常見，像是「今天又被老闆罵，必須

大吃一頓才能撫慰我受傷的心靈，明天再開始減吧」、「兄弟失戀了，為了安慰他只好陪抽了幾根菸，明天再戒吧」、「不是外遇，是巧遇」、「嘴對嘴也還好啦，這是國際禮儀」、「我天生就是浪漫不羈」。至於舞弊犯的藉口，不外乎是「我沒有偷，只是暫時借用一下，等股票漲回來就有錢還了」、「公司5年沒幫我調薪了，拿這些很應該，是公司本來就欠我」、「業界回扣平均都拿5%，我只拿1%，已經很客氣了」。

有些藉口不只「合理」，甚至崇高到讓舞弊犯自認為在拯救世界。曾有「女版賈伯斯」之稱的伊麗莎白・霍姆斯（Elizabeth Holmes），宣稱自己公司的產品只要幾滴血，就能快速檢驗出200多種疾病，讓更多人可以因為提早發現癌症，而不需與摯愛分離。若產品成功，絕對大大翻轉了傳統血液檢測的方式，顛覆現有醫療產業。但後來即使騙局早已被揭穿，公司搖搖欲墜，自己可能面臨20年監禁的重罪，霍姆斯仍堅信整個產業因為既得利益而打壓她，自己終究會改變世界（好恐怖的自信……）。

以上三個因素，經過小史的調整，把「必須獨自承擔的問題」濃縮為更簡潔易懂的「壓力」，再把「自我心態調整」轉換成更能凸顯舞弊犯內心自我掙扎的「合理化藉口」，然後再幫這三個要素取了一個響亮的名號──「舞弊三角」，自此傳唱多年（可見行銷有多重要）。

舞弊三角再進化

小唐在1940年代提出的三角模型，其中的「必須獨自承擔的問題」（或說壓力）要素，放到現在的時空環境下，似乎不夠完整。首先，根據一

圖： 舞弊新三角

份針對女性舞弊犯的研究顯示，她們大多不符合這項要素，反而都是為了
生命中重要的人而舞弊，像是老公、小孩或是閨密。再者，南港輪胎的陳
啟清家境富裕，或是當到行政院第三把交椅的林益世，照理說根本不會有
什麼需要獨自承擔的經濟困難才是。因此，小史就把原來的「壓力」，再補
上一個斜槓，增加「誘因」（incentive）這項要素，用來涵蓋那些沒有經濟
壓力，但可能受到外部誘惑一步步掉入陷阱的舞弊型態。

　　「舞弊三角」之後就再也沒有更創新的理論了，多半是稍微改動和補充
的變形版理論。比方說，「舞弊鑽石理論」（fraud diamond，其實就是舞
弊四角），比三角多的那一角為「能力」（capability），表示舞弊犯必須還

要具備足夠的智力、勇氣與抗壓性（因為每天都怕被抓呀），才有辦法利用察覺到的機會。而「舞弊新三角」（new fraud triangle）則是把這個鑽石再細細雕琢一番，把壓力改成「動機」（motivation），並用美國中央情報局（CIA）如何招募間諜（或探討為何間諜會被策反）的 MICE（money、ideology、coercion、ego）理論來解釋動機，再把「合理化藉口」換成「個人誠信程度」（personal integrity），因為對自己道德要求越高，就越不容易合理化自己的不當行為，而另外兩角則不變。

如果認為上述理論不夠完整，無法滿足你好學不倦與追根究柢的好奇心，沒關係，還有多達 25 個心理學的相關理論，可以解釋人為什麼會舞弊。[11] 例如：隧道視野理論（tunnel vision）是探討為了專注達成某一目標（如今年業績要 1 億），因而違反道德倫理甚至法規的舞弊；或是社會聯繫理論（social bond theory）提到，在大型組織裡，員工如果覺得自己只是一顆小螺絲釘，並非老闆天天掛在口中的「公司最重要資產」，他們對公司的鏈結與認同就非常薄弱，也更容易進行舞弊；甚至，如果管理者一直都不信任下屬，每天都懷疑他們是不是想要舞弊，那麼員工在這樣不信任也不尊重的氛圍下，就更有可能演變成「員工實現管理者期待」的畢馬龍效應（Pygmalion effect，又稱期待效應。我個人覺得這個畢馬龍效應會成為熱門的合理化藉口或是法庭辯詞）。

11.〈25 Psychological Traps That Lead 'Good' People To Commit Fraud〉，Max Nisen and Aimee Groth，2013 年 5 月 29 日。

　　探討舞弊行為成因的理論這麼多，到底哪一個才是完整的呢？

　　經典之所以是經典，就是因為很難超越。對我來說，小史微調後的舞弊三角，就是經典。

　　首先，有沒有必要加上「能力」這一角，讓三角變成鑽石呢？如果白領罪犯沒有足夠的能力，即使流程上出現一個大漏洞，那個漏洞也不會成為「機會」。「機會」一詞只要稍微擴充，「能力」就沒有存在的必要了。

　　前面提到的 MICE 理論，是指金錢上的誘惑（其實還少了美色吧）、意識型態上的說服（知道你認同某種政治思想或宗教而加以利用）、威脅強迫（先挖洞給你跳再利用把柄操控你）、滿足其自我成就（讓你成為重要人物，或是達成其他人難以望其項背的偉大事蹟）這四種拉攏手段。如果你深入細究，會發現其實 MICE 這四大天王，根本可以合體為三角之一：誘因或壓力。

　　最後幾個心理學的理論，其實也沒有脫離三角。隧道視野理論就是為了達成目標所造成的「壓力」，讓應該需要留意的社會觀感、不能跨越的道德底線、甚至是必須遵守的法律，都因為專注在短期內要趕快達成目標，而無意或刻意被忽略。社會聯繫理論不就是在探討若少了與社會的連結，就會少了約束的力量，更容易給自己合理化藉口嗎？

　　因此，三角之後，再無三角。

　　舞弊三角絕對是解釋舞弊成因最佳理論，沒有之一。不過，進行舞弊的是人，是世界上最複雜又最難懂的生物，完整的理論也許能夠一般化多數人的行為，但還是有那麼少數無法涵蓋。一般化的過程當中，不免得犧牲一些細節或假設，如果剛學會理論的人，總是把每個弊案都硬套入解

釋，而不把舞弊犯當成和我們一樣的人來看，拒絕深入了解人性與弊案的機會，自然就無法提出完善的防範方式。

　　著名心理學家馬斯洛（Abraham Harold Maslow）說：「當你手上握有鐵鎚時，全世界看起來就只剩下釘子」。怎麼避免眼中只剩釘子？很簡單，那就不要只拿鐵鎚。

| 弊 | 知 | 課 |

白領犯罪

　　「白領」一詞源於歐美，是指使用「腦力」、而非「體力」勞動來賺取報酬的專業人士，俗稱「坐辦公室的」。聽到專業人士，你可能會以為必須是醫師、會計師、工程師、建築師等「師」級工作，或是公司的管理階層才算。但其實自工業社會一直到現今的科技時代，愈來愈多的工作都已納入白領的範疇，像是公司內部的業務、行銷、採購、生管、人資、會計、財務、資訊等單位，日常作業是處理大量的資訊與協作溝通，十分耗費「心力」，而非出賣「勞力」，可視為白領無誤。

　　將「白領」套至犯罪，概念也十分類似。相較於一般需要耗費「體力」的暴力犯罪，白領罪犯利用本身在企業中扮演的關鍵角色，以及所培養的領域專業知識，靠著「腦力」找出漏洞與機會，來完成以取得金錢為最終目標的犯罪。《刑法》中的背信、侵占、貪汙、賄賂、內線交易、洗錢，以及偽造文書等，都是屬於白領犯罪的範疇。

　　即使犯罪的過程並沒有把人打得頭破血流，但從白領犯罪涉及的損失金額與受害者人數來看，它造成的危害一點也不輸給暴力犯罪，後果甚至更叫人怵目驚心。不少多角化經營的企業，一旦發生主事者或高階主管授意的舞弊行為，倒楣的不只是自己，連員工、

供應商、合作夥伴、客戶、投資人、主管機關、甚至普通老百姓，都會因此受到連累。

　　創下台灣金融弊案史上多項紀錄的力霸集團掏空詐貸案，犯罪總金額為 731 億，除王家人幾乎都被判刑坐牢外，多位員工也遭到判刑及投保中心求償，供應商拿不到帳款，全體債權銀行數百億台幣追討無門，時任金管會主委施俊吉為此下台，25 萬名股東血本無歸，而力霸集團旗下中華商銀，近 600 億元的財務黑洞，都由全民埋單。

LESSON **6**

如果舞弊犯接受真情採訪

當年我就讀牛津大學那班領羅氏獎學金（Rhodes scholar）的 32 個同學中，就有 2 個坐過牢。前安隆（Enron）執行長傑夫·史金林（Jeff Skilling），就是我在哈佛商學院的同學。那些人都是好人，只不過人生中有些事情，讓他們走錯了路。

──克雷頓·克里斯汀生（Clayton Christensen），哈佛商學院教授

2008 年哈佛商學院教授尤金·索提斯（Eugene Soltes）看電視時瞥見名為《鐵窗之後》（*Lockup*）的長壽紀錄片（共有 25 季！），透過訪談監獄的重罪犯，了解他們過往的生活困境（如財務困難、藥物成癮等），以及這些困境如何導致他們暴力犯罪。他腦中突然浮現一個疑問：這些白領罪犯各個生活都堪稱優渥，根本沒有暴力罪犯遇到的生活困境，那麼到底是什麼原因讓他們犯下如此罪行？

於是他開始寫信給幾位身陷囹圄的企業高階主管，詢問他們在之前犯下的弊案中，迫使他們犯罪的最主要壓力是什麼、薪酬獎勵的設計方式是如何影響他們的決策、出獄後打算做什麼等問題。一個月後開始收到回信，這些高管的回覆讓他十分意外，讓他想要完整架構出白領罪犯為什麼會舞弊的理論。因此，他開始寫信或拜訪近 50 位現代知名弊案的高階白

領罪犯，像是詐騙了超過 500 億美元的馬多夫（Bernard Madoff）、安隆前財務長法斯陶（Andrew Fastow）、泰科電子執行長柯茲羅斯基（Dennis Kozlowski）、組合國際全球業務主管李察（Stephen Richards）、史丹佛金融集團董事長兼執行長史丹佛（Allen Stanford）等，最後在 2016 年出版了《他們為何鑄下大錯：白領罪犯的心路歷程》（*Why They Do It: Inside the Mind of the White-Collar Criminal*，暫譯）一書。

索提斯從訪談中所提煉出的精華，以及不落俗套的論點，於舞弊三角理論外另闢蹊徑，再再令人反思良久。謹摘要以下幾點，做為讓舞弊三角理論更貼近現實，凸顯舞弊案件中的人性，以及如何避免自己成為白領罪犯的最佳教材。

沒有舞弊犯一開始就想當壞人

在台劇《我們與惡的距離》中，李媽媽曾說：「全天下沒有一個爸爸媽媽，要花個 20 年去養一個殺人犯。」白領罪犯也是如此，他們努力工作這麼多年，力爭上游的目的不是為了利用權力地位好幹票大的，不是為了享受隨時可能入監的刺激感，更不是為了在家人朋友與社會大眾眼中被貼上舞弊犯的標籤。沒有人一踏入職場就立志要成為犯下驚天動地大案的舞弊犯。他們和你我一樣，都曾是有志青年，都曾為理想努力奮鬥，想在職場上實現自我，在人生中留下足跡。哈佛商學院聚集全世界最頂尖的腦袋，但仍有 20 多位畢業生，爬到職場最顛峰後，也同時淪為舞弊犯。位高權重的風雲人物，最後淪為階下囚，這個中的變化與滋味，值得仔細探索。

除了頂尖的成功人士，還有很多舞弊犯其實再平凡、再單純不過，可

能是初入職場力爭上游的年輕人、一手拉拔兒女長大的職場母親，或是十分照顧下屬的好主管。之前接觸的弊案中，一位女會計在大學畢業後就進入公司服務，工作能力不錯，還經常主動幫助同事工作，熱衷參與公司大小活動，私底下人緣也十分不錯，多會和同事相約爬山，假日還到慈善機構當志工。因此，當同事們聽說她侵占了公司千萬資金時，一開始根本沒有人相信，直說我們是不是搞錯了，還是公司只想嫁禍給她。

既然一開始不想當壞人，那為什麼在面臨選擇的關鍵時刻，無法堅持所謂「對」的決定呢？

很多舞弊犯根本沒意識到自己行為不對

也許看起來像是開脫卸責之詞，但實務上很多舞弊犯確實會因為下列幾個原因，而不認為或甚至不知道自己錯在哪裡：

1. 大家都這麼做

企業界一些常見的陋習，會讓這些舞弊犯認為，自己的行為和其他人或同業沒有兩樣，所以自己的行為並沒有錯。根據國際調查記者同盟（International Consortium of Investigative Journalists, ICIJ）公布的「天堂文件」，蘋果、耐吉、臉書、微軟、麥當勞、雅虎等公司，都利用境外公司的免稅優惠和各國稅法的漏洞，成功避稅數十億美元。如果連具有強悍法務團隊的蘋果都敢這麼做，身為公司負責人的你，還會認為和他們採取一樣手法避稅有問題嗎？

2. 白紙黑字的漏洞

　　許多法律條文或會計準則，會因為解讀的面向不同、立法過程不夠周延、時代演進或是不同管轄權產生的縫隙等原因，出現有心人士可利用的漏洞。像是前述蘋果的避稅架構，其中一個漏洞就是愛爾蘭與美國稅法對於稅務居民的定義不同。愛爾蘭認定需要繳稅的，是在愛爾蘭有實際營運行為的公司，而美國認為只要註冊地在美國的公司就需要繳稅。所以，在愛爾蘭註冊成立、且無實際營運的蘋果子公司，既不用繳錢給愛爾蘭政府，也不用被美國政府追稅，成為著名「雙層愛爾蘭夾荷蘭三明治」避稅架構的重要關鍵之一。蘋果在 2014 年以前利用這種避稅架構，將美國以外產生的營收（約占蘋果整體營收的 55%）全數歸到愛爾蘭子公司名下，再加上與愛爾蘭政府的稅務優惠協議，讓蘋果在海外幾乎未曾繳納超過 5% 的稅金，有時甚至低於 2%。

　　另一個鑽法律漏洞內線交易的關鍵案例，是 1988 年擔任律師事務所合夥人的詹姆斯・奧海根（James O'Hagan）在公司午餐時，無意間聽到同事閒聊一家公司的併購案，於是趁消息尚未公開前大量買進該公司的股票，最後脫手時大賺 430 萬美元。當時美國證券交易委員會規定，內線交易必須是由「內部人」（insider）所進行的交易。內部人除了傳統的公司董事、經理人、員工之外，因業務往來而暫時得知重要訊息的承銷券商、會計師、律師、投資顧問、主管機關等亦包含在內。奧海根的辯詞是，自己並不是該併購案的律師代表，所以他不是內部人，因此所做的交易不能算是內線交易。

　　著名的安隆案中，也不乏這樣試圖玩弄文字遊戲、鑽法律漏洞的交

易。1997 年，因為法規的限制，安隆購買波特蘭通用電力（Portland General Electric）之前，必須先處理掉一些加州的風力電場。但是，安隆並不想賣掉風力電場，因為政府提供這些替代能源公司非常多的稅賦優惠。簡言之，安隆想要魚與熊掌兼得，既可以從安隆的資產負債表上移除風力電場，藉此購買波特蘭通用電力，但是又不想失去風力電場的控制權，因為稅賦優惠太誘人。照理說，安隆只要成立特殊目的公司（Special Purpose Entity，SPE），把風力電場轉給此紙上公司，再指派公司員工或可控制的人擔任實際負責人，也許就能達到此目的了。不過，法律早就知道這種伎倆，明訂這個紙上公司的負責人，不能是安隆的董事會成員、員工或是員工的眷屬。

財務長法斯陶的團隊成員中剛好有一位男同志，該男同志也有一個穩定交往的同性伴侶，在安隆總部所在的德州，當時法律上並不承認同性關係，也不允許同性婚姻，因此那位同性伴侶就不屬於員工的「眷屬」，讓他當這個紙上公司的負責人就沒有違法了！既然法條寫得一清二楚，你的行為也確實沒有違背法條文字上的規定，你還會認為自己在違法嗎？

3. 商業行為的灰色地帶

現實的商業環境並非黑白分明，反而存在非常多可以獲利、但仍曖昧不明的灰色地帶。像是優步（Uber）和愛彼迎（Airbnb），將自身定位為資訊平台，主要媒合運輸與住宿的供需雙方，但它們的適法性爭議不只在台灣才有，甚至連發源地美國也都必須面對。

灰色地帶裡面，有的作為可能是合法、有的可能是鑽漏洞、有的可能

是法律還未跟上時代、有的可能違法，但沒有人明確知道答案（否則怎麼會稱為灰色）。對高階主管來說，評估灰色地帶的風險與報酬，據此做出決定與計畫，是他們最重要的工作之一，再也自然不過的商業決策。

既然是一種從商業利益為出發點的決策，又怎麼會是刻意舞弊呢？

4. 專業人士背書

許多現今看似顯而易見的舞弊交易，在尚未執行之前，其實都得經過專業人士的覆核與背書。

安隆所依循的會計原則，是美國證券交易委員會許可的；財務長法斯陶規畫的交易，並不是自己偷偷來，而是許多律師、會計師、銀行家一起討論設計出來；最後這些交易的執行，依法向董事會報告，也都獲得董事會的核准；甚至，這些交易還讓法斯陶成為《財務長》雜誌的年度最佳財務長之一。

泰科電子執行長柯茲羅斯基也提到，當他與董事會開會時，董事們會答應他任何的要求，甚至連應盡監督義務的獨立董事，也都試圖討好他。

如果許多幫忙背書、甚至應該把關的角色，都認為交易沒有問題，你還會懷疑這些交易有問題嗎？

舞弊犯多半沒想過後果會這麼嚴重

書中這些高管，每個都學歷傲人，又在商場打滾多年見識廣博，公司也有明確的制度規章，難道真的不知道哪些行為可以做，哪些不行嗎？

很多時候，他們確實知道哪些行為不太對，但是因為這些行為並不像

竊賊從受害者皮包內直接拿走錢，無法立即察覺明確的受害人數、哪些人因此受到什麼程度的損失，因此不會有任何的罪惡感跳出來阻止他們。

組合國際全球業務主管李察曾表示，當他為了達到營收目標，把客戶合約的簽約日往前挪時，他覺得是在幫助公司。營收達成了華爾街的預期，公司和股東都因此享受股價上漲的好處，員工可以繼續保有工作機會，客戶也不會因為簽約日提前而得到次等的軟體服務，似乎沒有人因此受到損失。

決策過程並不是全然理性

即使知道這樣做不對，即使知道會有人因此受害，即使知道行為的風險高於報酬，這些高管還會執意舞弊嗎？

看名字應該註定在英國工作、但實際上在 KPMG 美國服務的一位合夥人倫敦（沒錯他真的姓 London），32 歲當年就升為合夥人，2013 年時已是整個美國西南部的總管，底下有超過 50 位合夥人與將近 500 位審計員，年收入至少 90 萬美元，家庭婚姻幸福。

照理說，區區 5 萬美元現金、珠寶和勞力士手表，他根本看不上眼，更應該不可能為此洩漏客戶的機密資訊。再說，他前程似錦，社會地位又高，根本是超級人生勝利組，傻子才會放棄這些去幹偷雞摸狗的勾當。沒想到，2014 年他卻因為內線交易而被判刑 14 個月，出獄後的工作是某電腦公司財務長的助理。

倫敦曾說，在提供這些內線資訊給他的朋友時，他從未仔細想過後果會是如何。他知道事務所嚴禁客戶機密資訊外流，也知道一旦有人內線交

易，投資大眾會因此受到損失，但他從未理性分析這個行為的風險與後果。

　　我們以為理所當然的理性決策過程，其實並不會總是出現在那些影響人生的重大決定中。撇開重大決定不談，甚至許多生活上的小事，我們也不會完全理性，像是「要暫時停車在可能會被罰錢的位置」還是「找個收費停車位」。理論上，違規停車的罰款遠高於停車費，理性決策者應該都會願意支付停車費，但是實際上卻非如此，紅色拖車的生意依舊興隆。

　　以上幾點原因，絕非想幫舞弊犯說話。這些看似合理的藉口和理由，本質上一點都不正確。以「白紙黑字的漏洞」為例，法斯陶最後也認清自己錯在哪裡：原則（principle）才是重點，而非法規或條文（rule）的文字。立法的理由，就是擔心公司表面上和 SPE 無關，但私下利用關係人操控，所以法條文字上也把員工的眷屬加進去了；而長久穩定交往、但礙於法律無法結婚的同性伴侶，實質上與眷屬並無二異，就原則來說是屬於關係人的範疇。

　　法斯陶來台演講時，分享了一段與兒子的對話，生動闡述了「原則」為何。他問兒子，如果你剛拿到駕照，只要你答應爸爸不「喝」酒就可以自己開車去朋友家聚會。聚會中如果朋友拿出啤酒口香糖誘惑你，說服你這是在「吃」酒，不會違反你和爸爸的約定，你會吃嗎？「當然不會！」兒子不假思索的說，「因為重點在於不能碰到酒精。」

　　在奧海根的內線交易案中，聯邦最高法院最終採用了「私取理論」（misappropriation theory），認為奧海根即使不是內部人，但是他從內部人那邊得到消息，且為個人利益私用該機密訊息，違反誠信義務，因此判

定有罪。

　　詳述這幾個論點的原因正如前面所提，是讓我們更了解舞弊犯「人性」的一面，好讓我們在防弊上能夠有更細膩、更有效的手法。比如說，如果員工不知道哪些行為是錯的，就得明確定義公司的道德準則，並在教育訓練上多下工夫，以及提供道德諮詢專線。

批評舞弊犯之前，請先設身處地想一想

　　在《知乎》上有一篇文章〈貪官為什麼會貪？〉，我覺得寫得非常好，它在描述大部分人無法接觸到的世界時，要大家設身處地假設自己是手握大權的官員，會遇到什麼樣的誘惑，並要大家捫心自問，遇到同樣的誘惑，你能抗拒得了嗎？以下節錄特別有感觸的段落：

　　　　只有你一個人面對誘惑，來，我們現在跟你講，誘惑到底有多可怕。如果你喜歡錢，他們就會給你錢。如果你喜歡珠寶，他們就會送你珠寶。如果你喜歡打麻將，他們就會邀請你打麻將故意輸給你。如果你喜歡女人，他們就會千方百計的給你找女人。如果你喜歡吃飯，他們就會請你去最高消費的飯店吃飯。如果你喜歡喝酒，他們就會送給你最好最貴的酒。如果你喜歡書法，他們就會送給你高雅的書法繪畫作品。就算你喜歡運動，他們也會送你更好的健身設備、運動用品，甚至會陪你去玩。甚至，如果你什麼都不喜歡，只喜歡權力，他們都會提供你他們和上峰的人脈關係！

　　如果你斬釘截鐵的說：「我絕對可以抵抗這種誘惑」，那麼不是你意志堅定過人，就是你從來沒遇過誘惑，紙上談兵罷了。

　　因此，每當看著舞弊案例的主角，面對各種壓力或誘惑，最後選擇了妥協，我雖然不認同，卻能理解。因為我也沒有百分之百的信心，當易地而處時，我能夠每次都勇敢做出對的決定。

　　所以，每當協助客戶進行舞弊認知教育訓練時，都會分享一個「如何做出正確決定」的小技巧。當你面對壓力或誘惑而準備妥協之前，請先想想生命中最鍾愛的人事物，可能是如花似玉的妻子、嗷嗷待哺的兒女、年邁的雙親、過命的摯友。如果他們因為你的妥協，而必須因此受苦，或是離你而去，你願意嗎？舞弊犯被移送後，最辛苦的都是家人，小孩可能在學校被歧視霸凌，另一半辛苦前來公司哭求一份「諒解書」，好讓你不需走司法程序因此留下前科，父母身體不好還得為你擔心受怕。

　　這是對待你生命中最重要的人應該有的方式嗎？

第 **2** 部

當公司治理
破了大洞

- 每分鐘，可能就有一家企業成為舞弊的受害者
- 舞弊，是公司不容忽視的管理風險
- 告訴我，舞弊怎麼查
- 從各種異常窺見舞弊端倪
- 舉報機制要「玩真的」才見效
- 企業文化對防弊的重要性

LESSON **7**

每分鐘，可能就有一家企業
成為舞弊的受害者

貪腐、盜用與詐騙無所不在。不管我們喜不喜歡，人性就是這麼運作的。成功的經濟體會將它們的影響降到最低，但沒有人可以完全消除它們。

——艾倫・葛林斯潘（Alan Greenspan），美國前聯邦準備理事會主席

為了防止採購舞弊，連享有「台灣經營之神」封號的台塑集團創辦人王永慶，也曾絞盡腦汁。

傳統上，政府或是企業的重大採購，經辦人員除了準備招標文件之外，通常還會負責蒐集供應商提供的投標文件，因此在開標日來臨前，極易發生經辦與供應商勾結，偷看甚至竄改其他供應商標書中底價的行為。早在 1985 年，經營之神就設計了「31 格投標鐵箱」制度，不再由經辦負責蒐集整理供應商的標書，改由不知情、與標案無關的工讀生統一收取投標信件，按照開標日期投入對應的鐵箱內，每日再打開對應的鐵箱統一開標，完全杜絕經辦因經手標書而可能產生的弊端。

隨著科技的進步，2000 年開始，台塑集團建置了網路資訊系統，開放所有供應商直接透過網路平台進行投標，在開標前資料全是加密的亂碼，

且開標當天由電腦自動選取最低價者得標，想要人為操控更是難上加難。

然而，從鐵箱到網路平台，這看似牢不可破、幾近完美的防弊機制，至少就遭人破過三次。

一次是 2015 年 2 月，總管理處陳姓採購經辦在投標平台上建立標案時，按規定須公告 28 天（又稱詢價日），好讓廠商們有足夠的時間準備投標，但他竟和特定廠商勾結，故意竄改詢價日數，以「緊急採購」為名，最短甚至只公告 1 天，讓其他有意來投標的廠商根本措手不及，該特定廠商也就順理成章拿下標案。另外，為了避免出現每次都只有一家來報價的窘境，他還以其他廠商別案的報價為基底，捏造其他廠商也來投標的假文件，名為投標，實為「陪標」，5 年來總共收取 951 萬元回扣。有趣的是，該特定供應商的負責人，正是原先擔任陳姓採購經辦職位的前任台塑採購。

同年 7 月，轟動整個台塑集團、連總經理都因此閃電下台的太空包案終於被爆出。一樣的投標平台，這次手腳不在詢價公告日數，而是增加客戶要求必須得用特定專利的太空包做為條件，而剛好就是這麼巧，全天下只有欣雙興這家廠商擁有這項專利，自然直接得標。若不是欣雙興老闆父子內鬨，么兒主動提供「供養資金帳本」，才讓這樁弊案曝光，不然這種看似合理實為綁標的案件，要能夠主動發現實在不容易。

2018 年 7 月，舞弊招式又再度進化。資訊部李姓退休副總，任職期間在多個資訊服務顧問標案中，限定日後得標的廠商，必須與某一間軟體公司購買顧問案所需使用的軟體。當然，這間軟體公司一定不會少了李副總的「好處」，據傳金額高達數千萬元。

再完美的防弊制度，最終還是被人破解了，或說敗給了人類無窮無盡

的創造力。難道，舞弊真的無法永遠從世界上消失嗎？

祭出死刑都擋不住貪官搶著破舞弊紀錄

對這個世界來說，是的。有人的地方就有江湖，有錢的地方就有舞弊。沒有食物的廚房，是不會有蟑螂的。

從我開始看得懂新聞以來，企業重大弊案並沒有間斷過。講貪汙收賄，2014 年就已爆發的南港輪胎陳啟清案、鴻海廖萬城案，到 2020 年還是出現了華碩採購回扣案；說到老闆掏空，在 2007 年初轟動一時的力霸案之後，並未銷聲匿跡，2019 年中大西洋飲料孫幼英總經理涉嫌掏空 8.8 億遭到起訴，2020 年初遠航董事長張綱維也因涉嫌掏空 22 億被起訴；不只被紅色供應鏈覬覦的高科技業經常發生營業祕密遭竊，葡萄王生技公司的「康貝兒乳酸菌」祕方因家族內鬥而外流；侵占更是族繁不及備載，祕書與會計的詐款、金融機構理專挪用客戶資金案件層出不窮。在勤業眾信《2018 台灣企業舞弊風險管理調查與未來展望》報告中，超過半數的受訪者表示，所服務的公司每年至少發生 1 件以上的舞弊事件；《2018 全球經濟犯罪調查報告》（*PwC 2018 Global Economic Crime and Fraud Survey*）中，近半數參與問卷調查的專業人士也承認，其服務的組織過去兩年內曾發生經濟犯罪與舞弊事件。不管是台灣本土還是全球各地，曾經發生舞弊事件的企業比例是如此之高，如果再加上「渾然未覺」的受害者們，那還真的可以說「每分鐘，可能就有一家企業成為舞弊的受害者」。

難道，我們真的束手無策嗎？

和遏止酒駕或隨機殺人一樣，不少人主張一定要嚴刑峻法，才能夠遏

止舞弊行為的發生。

先來看看明朝開國皇帝、素有貪官殺手之稱的朱元璋，是如何處置貪官的。很簡單，兩個訣竅：一是「殺」，二是「殺、殺、殺」。朱元璋曾訂下貪汙超過 60 兩就殺頭的嚴令，還有凌遲、剝皮或是抽腸等嚴刑伺候，但是官員仍像飛蛾撲火般，前仆後繼的手牽手走上死亡之途。據統計，在朱元璋手下因貪汙被殺的官員，多達幾萬人。小說《明朝那些事兒》中提到，某年同批分發為官的進士監生共 364 人，一年以後有 6 個人被殺。你會說，其實比例很低呀，不到 2%。別急，剩下的 358 人，全部戴死罪、徒流罪辦事，意思就是戴罪辦公，辦完後再去受刑，一個都不剩。幹勁十足的老朱，最後也殺到眼紅，狠道：「我想殺貪官汙吏，沒有想到早上殺完，晚上你們又犯，那就不要怪我了，今後貪汙受賄的，不必以 60 兩為限，全部殺掉！」

鏡頭回到現代，在貪汙受賄刑罰最重的中國，根據《中華人民共和國刑法》第 383 條規定：「個人貪污數額在 10 萬元以上的，處 10 年以上有期徒刑或者無期徒刑，可以並處沒收財產；情節特別嚴重的，處死刑，並處沒收財產」，嚴苛程度一點也不輸老朱時代。而且，貪汙判死刑不是說說而已，2011 年蘇州市副市長姜人傑、浙江杭州市副市長許邁永皆因貪汙受賄被判處死刑（且已執行）；2019 年，山西呂梁市副市長張中生因受賄罪被判處死刑，二審維持原判。

這麼嚴格的刑度，依然擋不住各個貪官跑出來搶著破紀錄，不管在收賄的金額、點鈔機燒壞台數、字畫古玩的稀有程度，或是……情婦的數量。

有效管理風險的五大要素

並不能說，嚴刑峻法沒有用，而是「僅」靠它並無法根治問題。你可能會說：「你行你上啊！」

「舞弊」只是眾多干擾企業達成營運目標的風險之一，對於「風險」這個歷史悠久的難題來說，「良好的內部控制」是一個頗受歡迎、也經過實際驗證的答案。以下我們就從銀行的角度，用「貸款給企業客戶」這個簡單的例子，來闡述為什麼「良好的內部控制」是防弊的可行解。

1. 設立「控制活動」

銀行放貸給企業時，一定需要足夠的擔保品，這樣在企業還不出錢的時候，至少還有擔保品可拿去賣掉，不無小補。如果發現這個企業與銀行負責人有利害關係（如配偶、三等血親或二等姻親），企業還必須提供「十足擔保品」（擔保品金額必須高於貸款金額）才行，這避免銀行負責人利用職務之便刻意貸給自己的親友，最後惡意倒帳，掏空銀行。

以上對於企業貸款的「嚴格要求」，就是所謂的「控制活動」（control activity），目的就是設立機制來預防、發現或是改善各種問題的發生。

2. 進行「風險評估」

不過，在大多數的情況之下，如果控制活動是魚的話，那麼作業效率就是熊掌；在沒有科技的輔助下，兩者是很難兼得的。每個作業流程都想要完美控制的下場，就是作業效率非常低落（可想想某些政府單位）。因此，把控制活動「有限度且精準」部署在企業流程之內，也是很自然的想

法。問題是，要部署在哪些作業流程？

　　企業應該要思考，對於自己所在市場、產業、政治、經濟、法規、資訊科技等會遇到什麼樣的風險，以及萬一不幸發生問題時的嚴重性。針對各種風險進行評估與排序後才能清楚知道，關鍵資源與控制活動應該部署在哪些最需要的流程之上。

　　回到前例，假設銀行檢視了自己的放款組合，發現多半都是貸給個人，金額小且不用擔保品（俗稱信貸），那麼前述「銀行負責人貸給自己人而惡意倒帳」的風險就相對低了很多，自然就不太需要部署太多控制活動在這個流程上。這就是「風險評估」（risk assessment）存在的意義。

3. 重視「資訊與溝通」

　　依據風險評估的結果，設計了對應的控制活動後，工作還不算完成，畢竟控制有沒有被落實、效果如何，也是應該關心的重點。想知道控制做得好不好，一定要透過數字說話，並且將這樣的資訊與利害關係人（關心控制成效的人）溝通。

　　延續前例，假設銀行下載了放貸系統的歷史資料進行分析，發現居然仍有貸款給利害關係人，而且未提供十足擔保品的狀況。詳細分析與追蹤後發現，原來現行資訊系統的運作邏輯是：利害關係人的資料庫就算更新了，也不會去檢查之前已放貸的資料，自然也不會要求補提擔保品了。當銀行內負責查核的單位發現這樣的問題，就必須和各部門討論該怎麼避免類似的事件再發生，甚至還必須與審計委員會、外部會計師或主管機關說明整個經過與處理情形。因此，知道該在什麼流程上部署什麼控制後，

「該怎麼知道這些控制的執行究竟有沒有效」、「該讓哪些人知道」，就是「資訊與溝通」（information and communication）所著力的重點。

4. 強化「控制環境」

有上述措施就完善了，對吧？還沒。

在著名的永豐三寶超貸案中，企業客戶 Star City 來申請貸款時，永豐銀行員工隨即發現這是董娘擔任董事的公司，屬於利害關係人，需十足擔保品。不過，山不轉路轉，永豐金控董事長何壽川找到金控中規範最鬆的永豐金租賃，指示家臣游國治與經理人配合，錢就順利借給 Star City 了。更誇張的是，雖然提供了三寶大樓與停車塔作為副擔保品，永豐金租賃居然還是第三順位抵押權，這表示假使 Star City 還不出錢，副擔保品拿去賣掉後，還得先償還前面二順位的債務人後，如果有剩下的錢才開始償還永豐金租賃。有這樣的董事長，建置再完善的控制活動，也等同虛設；再有操守、有責任感的員工，也很難幹得下去，勇敢站出來吹哨而遭到解職的總經理張晉源與副總王幗英，至今仍未得到應有的補償。

董事長的道德操守與一言一行，就是所謂「控制環境」（control environment）中的一環。你可以把控制環境想成是主事者對於內部控制的「真正想法」、公司內部對於誠信正直行為的「認同程度」、組織運作與員工素質的「水準」等（夠抽象吧）。另外，是否有道德行為準則（抄證交所公版就沒意義了）、董事會是否夠獨立（裁判、球證、旁證，不能都是你的人呀）、企業組織架構如何設計（很多內部稽核其實都被迫聽命於財務長……）、權責是否清楚定義、是否持續招攬正直優秀的人才、賞罰是否分

明等等，都是控制環境所注重的項目，範圍很廣，所以抽象難免，但絕對是重中之重。

5. 持續的「監督活動」

最後，上述的四個重點，難保沒有失效的一天，畢竟主事者可能換人、放貸組合可能變動，如何能夠讓機制持續進化並順利運作呢？這就需要建立良好的監控機制來確保上述四個重點的有效性，也就是「監督活動」（monitoring activities）。比如說，假設公司的獨董能真正負起監督之責，審計委員會的議程涵蓋詳細了解公司控制環境的成熟度、確認風險評估的過程、控制活動部署狀況，以及如何分析內部控制的成效，這就是十分標準的監督活動。可惜的是，不少獨董都是「對外獨立、對內懂事」，要發揮該有的效果並不容易。

細心的讀者會發現，怎麼上述五個名詞後面附上專屬的英文？沒錯，不知不覺，我們居然把內部控制權威組織 COSO 最知名且枯燥的理論——「內部控制的整合性架構」五大要素都過完一遍了！COSO 認為，若一個企業想要擁有良好的內部控制，在企業營運上不太會出大包，這五個要素（或領域）缺一不可，且都必須要有一定的成熟度才行。雖然這個架構名字聽起來就想睡，當中的五大要素命名也實在平淡無奇，但它確實是內控界不得不知的好框架，因此恕我先偷渡了。

講了這麼多，舞弊防治和這個枯燥的「內部控制的整合性架構」到底有什麼關係？簡單來說，良好的內部控制可以降低許多企業營運上各種風

險，而舞弊就是眾多風險之一，因此舞弊要能有效防治，良好的內控絕對是最基本的必要條件。

不過，這種泛用型的管理架構，並無法為特定風險提供更細緻做法。因此，接下來我們要介紹的就是與舞弊防治更直接、更相關的管理框架。

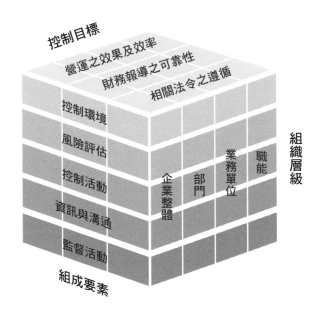

圖：COSO 內部控制的整合性架構

| 弊 | 知 | 課 |

內部控制權威組織 COSO

　　一切都得從美國的 1970 年代中說起。當時發生了非常多企業違法提供政治獻金，甚至賄賂海外官員的舞弊事件，除了政府監管單位因此制定了海外反腐敗法（Foreign Corrupt Practices Act），也要求企業要建立完善的內控。民間組織「不實財務報導全國委員會」（National Commission on Fraudulent Financial Reporting）因此應運而生，分析新近幾年財報不實的實際案例，並提出改善建議。由於這個民間組織名字實在太長，所以通常簡稱為「The Treadway Commission」（Treadway 為第一任主席的姓氏）。該組織提出一份建議報告，其中一項建議要求贊助 Treadway Commission 的五大財務、會計、內控稽核專業組織，應該要整合各方提出的不同內部控制概念，並提供一個共同準則讓企業參考。

　　因此，另外一個民間組織「Committee of Sponsoring Organizations of the Treadway Commission」就於 1985 年成立，名字仍然落落長，所以通常簡稱 COSO。經過幾年的研究，COSO 在 1992 年推出經典的「內部控制的整合性架構」，從此成為內部控制最重要的理論，COSO 也就喧賓奪主成為內控權威組織了。

COSO 的「內部控制的整合性架構」，長得和魔術方塊差不多，只是每面的數量不太一樣。方塊的三面分別是前面提到的五大要素、內控想要達到的目標，以及組織架構的層級。內控之所以存在，主要是為了三大目標：（一）提高企業營運的效率與效果；（二）確認財務報表的正確性；（三）遵循相關法令。而內控所實施的層級，可能大至企業整體，也可以細到不同職能。

　　從各種組織到方塊元素的命名，是不是可以明確感受到財會人的「拘謹」呢？

LESSON **8**

舞弊，是公司不容忽視的
管理風險

我深信人民心中所希望的那一座燈塔是相同的：杜絕貪污、減少浪費、善用
民間力量。

　　──陳定南，前宜蘭縣長、法務部長

　　某家金融業為了應付日益龐大的交易量，並建置完善的備援機制，因
此計畫升級現有的資訊設備。資訊單位做了詳細規畫後，開出資訊設備所
需的軟硬體規格，所需金額約是上億台幣。根據公司內部的規定，一定金
額以上的重大採購案，需要由外部精通此領域的專家學者，以及公司內部
其他相關部門組成審議小組，針對採購案件內容及競標廠商進行討論。會
議中無論是專家或其他部門，對於硬體規格並無異議，最後決議由新進供
應商取代原有供應商。整個採購決標流程都按照 SOP 執行，也都留下可供
查詢的文件紀錄，完全符合內部控制制度的要求。

　　上述的案例，是我接觸過的一件真實採購弊案。案件中的資訊單位主
管，收受廠商賄款、接受海外旅遊招待、知名酒店消費 20 多次全由廠商埋
單，因此幫助廠商協助潤飾投標文件，並協助該廠商拿下標案。

前章所提的台塑採購弊案中，無論是經營之神設計的「31格投標鐵箱」機制，或是網路投標平台，其採購流程的內部控制機制，已經遠較一般企業更為嚴謹，但仍是弊案頻傳。

幾乎每件弊案，在「表面」上看來，絕對都符合內部控制的要求。比方說，流程上要求「三家比價」？沒問題，隨便都生得出三張報價單給你；需要「專家審議」？小 case，馬上找幾個看似公正的學者來；得老闆「簽核」？何難之有，寫個漂亮報告，再對老闆說是急件就馬上搞定。

這麼說來，難道前面提到的 COSO「內部控制的整合性架構」，對防弊沒有用嗎？

舞弊要能有效防治，良好的內部控制絕對是最基本的必要條件。不過，內控的三大目標之一，並未特別針對「防弊」二字多加著墨。因此，前章所提到的內控架構，還不足以完全有效管理舞弊發生的風險。

有鑒於此，舞弊與內控界的兩大權威組織，ACFE 與 COSO 攜手跨界合作，以「內部控制的整合性架構」的五大要素為基礎，針對舞弊風險特別量身打造合適的「舞弊風險管理架構」，並將管理原則與實作重點記錄在「舞弊風險管理指引」（Fraud Risk Management Guide, FRMG）中，絕對是現今最完整的舞弊風險管理參考資料。

舞弊風險管理架構五大原則

所謂完整的舞弊風險管理，應該要包含舞弊發生前的預防措施、日常的舞弊偵測機制、舞弊發生後的調查程序。而 ACFE 與 COSO 強強聯手的「舞弊風險管理架構」，同 COSO 內控架構一樣也有五個重點，稱之為

「五大原則」。這五大原則除了名稱微調之外，概念與精神上幾乎與 COSO 內控架構五大要素相同，但實際操作上與五大要素仍有不小差異，因此分別介紹如下。

1. 舞弊風險治理

對應到 COSO 內控架構要素一「控制環境」的第一原則「舞弊風險治理」（fraud risk governance），可以視為「控制環境」加上「公司治理」的綜合體，因為需要董事會成員與高階管理者將舞弊風險管理視為公司治理的重點之一，同時展現對抗舞弊、追求正直與道德的決心，還得充分授權專業人士，讓他們有「撿到槍」可以好好打一仗的感覺，而不是自以為拿著令箭，但其實大家都知道那是雞毛的無力感。

如果再說得淺白一點，就是董事會成員與高階管理自身對於舞弊防治的「價值認同」、讓公司其他同仁感受到「認真以對」的承諾，以及各種管理舉措上的「強力支持」。

更直白一點，就是老闆對於舞弊防治必須是「玩真的」，而且「情義相挺」。

舞弊風險管理架構會需要這個原則，相信對於在職場打滾過的人來說並不意外。當老闆不只口頭說說、而是非常認真看待一件事的時候，員工絕對能感受得到，而且那件事對大部分的員工來說，優先順序都會瞬間變成前幾名；但老闆若只是做個樣子宣導或呼籲，實際上根本不太關心某件事時，員工更能心領神會，自動把某件事移出優先清單。

2. 舞弊風險評估

原則二的「舞弊風險評估」（fraud risk assessment），與 COSO 內控架構要素二風險評估最大的不同在於，風險評估是廣泛的思考企業所在市場、產業、政治、經濟、法規、資訊科技等各面向可能遭遇的風險，而舞弊風險評估僅從可能發生的舞弊事件（又稱舞弊情境）為出發點，先盤點公司內部可能遇到什麼樣的的舞弊情境（通常透過腦力激盪），接著再評估「舞弊情境發生機率」與「假設發生後所造成的衝擊」。最後，將機率與衝擊相乘，計算出每個舞弊情境的風險期望值，並進行排序。

再續前章銀行貸款給企業客戶之案例，它在進行舞弊風險評估時，可以參考新聞媒體、判決書、自家調查報告、同業消息等，列出所有發生過的舞弊情境，而「銀行負責人刻意放貸給利害關係人並惡意倒帳」，可能就是其中一個舞弊情境。針對這個舞弊情境，銀行目前建立很多 SOP，也有強大的利害關係人資料庫，至目前為止也未曾發生類似事件，因此發生機率為「低」（假設得 1 分），不過一旦發生，對於銀行聲譽和法令遵循會產生重大影響，衝擊為「高」（假設得 3 分），因此風險期望值為 3 分，等級為「中」（如果想成是一個 3x3 的矩陣，中級風險是 3 與 4 分，低風險是 1 與 2 分，高風險是 6 與 9 分）。

排序完每個舞弊情境的風險期望值之後，就可以依照風險等級的高低、公司資源的多寡、風險策略的方向等因素，來決定如何針對特定舞弊情境進行控制。

3. 舞弊控制活動

與 COSO 內控架構要素三類似，原則三的「舞弊控制活動」（fraud control activities）一樣著重在建立預防性與偵測性的控制活動，以利防止舞弊行為的發生，或是在不幸發生舞弊事件後，可以盡速偵測出來。不過這種舞弊控制活動，和傳統的控制活動仍有不小的差異。之所以需要這種差異的原因在於，絕大多數的弊案，在流程上都符合內部控制的要求。

舉例來說，一般公司員工的公務計程車資報帳，內部控制活動重點在於計程車資報支申請必須經過直屬主管的覆核與簽准，公司才會付錢給代墊的員工。這看似再合理不過的控制活動，卻存在一個重要的漏洞：如果有人刻意大量虛報計程車資呢？

你會說主管已經把關啦，難道他是簽假的嗎？事實上，主管每天需要簽核的單據並不少，而且越高階的主管簽得越多，除了計程車資外，還有各種電子表單。而為了減少這些主管的困擾，貼心的系統多半都有批次大量簽核（俗稱閉眼簽）的功能，加上日常工作還有比簽單據重要百倍的事情，願意花時間一個個仔細檢查的主管真的鳳毛麟角。

在這樣的情況下，原有「主管覆核」這個控制活動，對於「刻意大量虛報計程車資」這個舞弊情境，是沒有太多用處的。因此，有效的「舞弊控制活動」可以是由系統定期產生員工計程車資報支申請的分析報表，透過簡單長條圖快速點出申請次數與金額遠高於其他人的員工，讓主管在短時間內就能馬上發現問題，進而深入了解是否為舞弊行為。

4. 舞弊調查與矯正行為

原則四的「舞弊調查與矯正行為」（fraud investigation and corrective action），與 COSO 內控架構的要素四「資訊與溝通」，大概是對應關係之中差異最大的。

雞卵密密也有縫（閩南語），吃燒餅哪有不掉芝麻的，沒人能擔保公司絕對不會發生舞弊事件，重點在於發生舞弊事件後，有沒有標準的舞弊調查處理與回應程序。理想的狀況是，公司主動管理這些疑似舞弊事件的處理進度，而且必須實際進行調查，把調查結果明確與利害關係人溝通，提出改善與預防措施，並追蹤是否確實已經改善。我經手過一件供應商販賣假貨的弊案，調查完之後提出的改善建議有一項是要求採購人員將負責物品的實物照片放入系統中，這樣倉庫人員進貨驗收時，可以核對實物與照片是否相符，初步過濾「低仿」的假貨。沒想到，過了不到一年，又發生一個「低仿」的假貨弊案，由於當初的改善建議未確實被執行，驗收人員根本無法透過系統照片辨認出假貨。

「一個人不可能犯兩次同樣的錯誤；第一次是犯錯，第二次就是一種選擇。」這句話套用到舞弊調查後的矯正行為，一點也不突兀。

5. 舞弊風險管理監督活動

原則五的「舞弊風險管理監督活動」（fraud risk management monitoring activities），與 COSO 內控架構要素五的精神基本上大同小異，重點在於是否建立確保前面四大原則都正常運作的機制，包含設定評估指標與機制、監控改善狀況等，因此不再贅述。

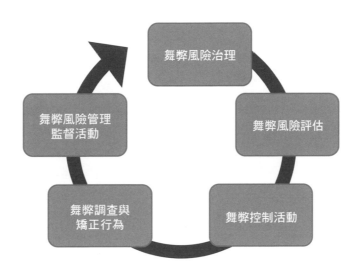

圖：舞弊風險管理架構

非常現實的實務困境

舞弊風險管理的理論真的很漂亮，但是要徹底實作上述五大原則，各位可以想像要投入多大量的資源才能做到，而真正願意投入的公司又有多少呢？不要說完整的舞弊風險管理，即使是簡單的舞弊風險評估，就我以前待的舞弊防治顧問團隊，也才輔導過僅僅一家台灣企業，而且還是迫於主管機關的壓力，才不得不做的。

就算撇開資源限制不談，有些老闆覺得自己天縱英明（不然怎麼當得了老闆），加上周遭親信為了生存拍馬逢迎，要能夠正視自己行為偏差、公司管理成熟度不足的，實在是寥寥無幾。魏徵的忠言直諫，如果沒有遇到唐太宗的虛心納諫，也只會被當做烏鴉嘴或耳邊風。

這也是為什麼《他們為何鑄下大錯？》一書最後不談 COSO 五大要素，也不談舞弊風險管理架構，而是把企業領導人必須自覺的「尋找歧見」（seeking disagreement）當做是破弊解方之一。只有領導人時時警惕，提醒自己決策或認知錯誤的機會遠比自以為的來得多時，才有可能考慮尋求他人不同角度的意見或專業。書中舉了一個知名案例來說明這個概念——全球農業巨頭阿徹丹尼爾斯米德蘭（Archer Daniels Midland，以下簡稱 ADM）公司與競爭對手聯合價格壟斷案，這個案例後來還被改編為電影《爆料大師》（The Informant!）。

主角馬克・惠特克（Mark Whitacre）為 ADM 高管，有一天和老婆閒聊到他們如何與日本的競爭對手在高檔酒店、高爾夫球俱樂部商討一同提高關鍵原料的價格，而且在費用報支時，還不能提到是招待這些日本競爭對手。他老婆聽了感覺不妙，建議他必須向主管機關自首，於是他就成為了 FBI 史上最爭議、也最高階的線人。「如果不是這位三十四歲、帶著三個小孩的家庭主婦，美國史上最大的聯合價格壟斷案可能不會被發現，」馬克如是說。

當然，硬要扯的話，企業領導人的自覺，也是原則一「舞弊風險治理」的重點啦（COSO 內控架構五大要素與舞弊風險管理架構還是有用的）。

請相信天網恢恢

如果舞弊永遠不會消失，舞弊風險管理又這麼花費資源，五個原則很難面面俱到，那這個世界豈不是舞弊犯的遊樂園了？難道沒有天理了嗎？

我們來看一個發生在台灣盛餘鋼鐵的真實故事。涂姓財會經理因在外

投資虧損，誆稱日籍長官需要郵政禮券（基本上等於現金），用途為最高機密，指示下屬盡速申購後交給他，不要過問太多，並偽造日籍長官的授權郵件，做為申購的佐證文件。從 2002 年開始至 2005 年 10 月，以此方式總共詐取了 4,694 萬。雖然最後東窗事發，公司告上法院一審也成功判刑 4 年 8 個月，但塗男堅持上訴，且持續避走大陸。

不過，塗男「身在曹營心在漢」，心中對於台灣的樂透彩仍念念不忘，經常委託好友張姓夫婦幫忙購買。2009 年 5 月，威力彩連槓二十期，塗男再度委託張姓夫婦，沒想到當晚其中一個獎號居然真的中了新台幣 9.2 億！物以類聚，人以群分，侵吞公款的舞弊犯，好友應該也會獨吞彩金才是。果不其然，張姓夫婦兌領稅後 7.4 億的獎金之後，就避不見面，氣得塗男提告。[12]

盛餘高層看到這個頭彩得主鬧雙胞的新聞，趕緊向法院申請假處分，要求發還塗男獎金前，先賠償公司的損失。最後，盛餘拿到了連同利息近 5,100 萬的賠償，塗男則拿到剩下的 6.9 億獎金。103 年 5 月，最高法院終判結果，維持二審判決，塗男必須吃 4 年 6 個月的牢飯。

你可能會說，老天爺別鬧了吧，怎麼讓這種人中頭彩？

我的看法倒不太一樣。一是這筆彩金，讓原本損失的盛餘公司得到了賠償，不然以塗男持續上訴的態勢，要他爽快賠錢是不太可能的。二是塗男這位頭彩得主，大概是台灣樂透史上少數被公開的人之一，他的下半生

12.〈想吞友 9.2 億，領走頭彩被訴〉，《自由時報》，2010 年 1 月 6 日。

應該無法和其他得主一樣這麼愜意，反而必須過得躲躲藏藏吧。最後，他還是要吃牢飯。

以前待的舞弊防治團隊，也遇到類似的事情（先說明這並不是靈異故事唷……）。

正在調查某政府單位弊案的同事，看到某幾筆費用是晚間時段固定租用某大學教室的租金，由於該大學距離辦公室不遠，因此決定直接過去現場了解狀況。神奇的是，到了學校以後，無論他們怎麼找，就是找不到那筆費用所記載的教室編號。正當他們決定放棄打道回府時，一位住在學校宿舍、正好吃完晚餐出來刷牙的老師看到他們，攀談之下就說：「這個教室不好找，我帶你們過去！」

終於找到教室後，裡面一片黑漆，根本不像晚間被租用而上課的樣子。這位老師還不忘補上一刀：「這個教室晚上很久都沒人用了，也沒看過學生來上課呀！」最後，這個透過假租約盜用公款的案件因此水落石出，經辦人員也受到該有的制裁。

所以，我相信這世界還是有正義的，只是運作的方式，不一定與我們期待的一模一樣。

LESSON **9**

告訴我，舞弊怎麼查

傳統的刑事調查中，警方的重點在於找出犯人是誰；但在白領犯罪弊案中，他們卻得努力拼湊出犯罪事實。
　　——安妮・阿爾韋薩洛庫西（Anne Alvesalo-Kuusi），芬蘭白領犯罪學者

　　69 箱重約 1 公噸、占滿多間訊問室和辦公室的文件，原本會是專業巨型碎紙機下的一片片亡魂。好險，老天有眼，檢廉接獲線報後，隨即到專業文件銷毀公司迅速扣回，及時「刀下留文」，否則就算模仿電影《亞果出任務》（Argo）裡的伊朗革命衛隊，出動大量童工拼湊這些文件的碎片，也是無力回天。因為專業碎紙機產出的可是不規則狀的碎片，幾乎無法復原。

　　這些文件是因遠雄合宜住宅弊案而查扣的，多屬會計傳票與帳冊，而且明明還未過保存期限，遠雄卻急著銷毀，想必有什麼不可告人的祕密，所以先請廉政署同仁協助初步過濾。後來的結果是未發現不法，陸續又轉請調查局、國稅局協助，也都沒有具體收穫。因此，具有會計稅務背景的張姓檢察事務官，自然成為分析這些文件的不二人選。

　　先前其他機關沒找出異常，是完全能夠理解的，畢竟這些可是近 1 公噸、數量驚人的紙本文件，而且又沒有指派像張姓檢察事務官一樣的專人進行深入調查。她接下任務後決定改換策略，先快速瀏覽這些文件，找出

可能可用的證據後，再向長官申請資源進行地毯式的檢查比對。皇天不負苦心人，2009年一張遠雄人壽付款給某營造廠的傳票看起來並不單純，似乎是尚未曝光的舞弊案件，於是她開始全面清查所有文件。

經過半年的資料比對與分析，終於掌握到趙藤雄另外涉及的隱匿關係人交易、遠雄人壽掏空案的重要事證。

在各種犯罪戲劇的洗腦之下，對於檢調單位動用這麼多的資源，居然還要半年的分析才找得出重要事證這個事實，很多人可能會感到非常驚訝。事實上，就法務部2015年的統計，每位檢察官平均每月有52件新收的偵查案件，在這麼沉重的負擔下，半年內從1噸文件中找出關鍵事證，已經可以稱得上是光速了。請不要天真以為弊案調查和美劇《CSI犯罪現場》差不多，調查人員可以像邁阿密刑事鑑識組組長何瑞修（Horatio Caine）一樣，只要墨鏡戴上再拿下來就破案了，或者在電腦鍵盤上劈里啪啦敲幾下，資料庫馬上知道怎麼分析，結果立刻出爐，或是和《名偵探柯南》裡的毛利小五郎一樣，睡著也能破案。這些「真的」只有電視或電影才會出現。

所以，真正的查弊該是什麼樣子？

誰該負責查弊

公司會開始查弊，不是老闆聽到風聲耳語，就是收到舉報資料。查弊有一個不輸「我和你媽掉到水裡，你要救誰？」的亙古難題：哪個部門應該要負責查弊？

查弊這件事情，吃力不討好。查出來的結果可能得罪一票人，中午吃

飯找不到人；查不出來會得罪老闆，烏紗帽不保。於是不同單位對於這個難題，居然難得有一致的共識──只要不是我，哪個部門都可以。

參與過的某個海外子公司總經理弊案，集團執行長指派幕僚團隊飛到現場實際查核，結果該總經理恐嚇幕僚團隊既然是拿旅遊簽證，就不能在當地執行屬於工作行為的舞弊查核，如果執意要查，他會馬上向移民管理單位舉報。幾個幕僚因為不諳當地法律，總經理又曾是老闆眼前紅人，是否續查又沒有得到更明確的指示，只好鎩羽而歸。

另一個經手的採購弊案中，發現涉案的採購人員多年前早已被舉報，涉嫌與供應商勾結，持續與其採購品質低劣的產品。令人不解的是，為什麼多年後同樣的事件還是發生了？調出多年前舉報處理報告來看，原來當時收到舉報的主管交給採購主管處理，而採購主管又轉交給這個採購人員自己查自己，最後當然就輕輕帶過。

還有一次與曾為公安的同事合作，訪談一個頗為狡猾的採購舞弊犯。一開始，詢問他認不認識某廠商負責人時，他矢口否認，等我們詢問大量採購流程的細節以後，這位同事觀察到他似乎以為自己防守得很完美，稍微放鬆戒心了，於是走到他身邊，請他搜尋自己手機 WeChat 中，有沒有該廠商的姓名。該舞弊犯沒有多想就照著做，結果 WeChat 聯絡人中居然出現這位廠商負責人！原本對各疑問防禦狀況頗志得意滿的一個人，後來就和洩了氣的氣球一樣，不再抵抗，訪談的氣場與優劣勢就此翻轉。

到底哪個單位來查弊最適合呢？一般來說，依照公司的規模、各部門在老闆心中的分量、破弊資源多寡等因素，負責查案的苦主，大概不外乎以下幾個：

1. 老闆親信

　　常見於未有完整部門配置的小公司，或是老闆只相信特定親信（特助、財務長、人資主管等）的公司。優點是他們和老闆的溝通無礙，絕對能貫徹老闆的意志，缺點則是親信雖然多功能，但他們不一定知道如何查弊，萬一被舉報的對象又正好就是親信（或親信的麻吉）的時候，根本就是請鬼拿藥單，不可能有真相大白的一天。

2. 內部稽核

　　多數上市櫃公司被迫設置內部稽核，理論上內部稽核的工作之一就是檢查公司內部控制是否有效，而為了保持獨立客觀的角度，他們並不會介入日常營運。舉例來說，請購與驗收流程由使用單位負責，採購作業由採購單位執行，內部稽核並不參與每一個請購、採購或驗收的案件，但是會依照年度稽核計畫，針對採購案件進行選樣，再深入檢查請購原因是否合理、採購是否進行詢價、驗收是否確實等內部控制機制的落實程度。因此，比起其他部門來說較為獨立，且「看起來」沒什麼例行公事的內部稽核，自然成為調查弊案的首選。不過，在完整的查弊過程中，有非常多法律專業問題（例如：能否起訴、該用什麼罪名提告）、專業的問訊技巧、甚至避開生命威脅的能力，都不是傳統稽核養成過程會著重的地方，自然無法單獨勝任。

3. 法務單位

　　弊案調查結束後，老闆可能指示進行民事或刑事訴訟，因此也有不少

公司是交由法務部門來負責，畢竟能不能立案、現有證據要用哪一件來提訴訟勝算較大，都是法務的專業。不過，查弊過程需要對於企業整體營運流程、各部門利害關係有深入的認識，但法務單位通常在這些環節上都稍微薄弱。

4. 專責查弊單位

這僅出現在極少數資源豐富且弊案叢生的巨型集團中。通常會由法律專家，搭配司法調查機關退役的專業人士混編而成，他們的問訊技巧一流（可能連壞人都會嚇破膽），再加上擁有深厚人脈，可以取得許多正規管道無法取得的資料，所以立案機率較高，戰鬥力也極強。當然，打造這樣的團隊耗費的成本，也不是一般公司能夠負擔。

從上述分析看來，查弊這項重任，除了專責查弊單位可以勝任之外，光靠單一部門是力不能及的。可是，大多數公司並沒有資源建置這種夢幻團隊，所以，還有沒有其他替代方式呢？

有的。方法就是：納入不同部門的成員，成立查弊專案小組。

既然每個部門都有自己的強項，那就乾脆混編，讓法務負責分析目前證據、適用的法條和勝訴機率，內部稽核負責現有資料分析與改善方案擬訂，再搭配對應領域的知識專家（如製程、採購、銷售等）的協助，以及老闆（或指派的高階主管）擬訂的整體調查方向和策略，這種陣容已經相當不錯了。當然，這樣的方式也不是沒有缺點，畢竟參與的人數一多，資訊外洩的風險就提高，更容易打草驚蛇。

查弊沒有那麼容易

　　企業會開始調查舞弊，一定有個因頭，不管是傳聞或是明確的舉報，或多或少都有一些線索可以參考。因此，順著舉報的方向，找出更多資料與證據檢驗內容的真假，再透過訪談相關人士來修正我們的假設，照理應該很容易就能水落石出吧？

　　看起來很容易，但實際上真的很難。為什麼呢？

1. 資料留存不足

　　查弊人員好不容易分析完複雜的案情，做了各種假設與沙盤推演，發現只要有某個文件或是系統的紀錄就可以佐證某個假設，立案與勝訴的機率瞬間提高時，往往就會找不到那個關鍵文件，或是系統根本沒保留這種紀錄。「可能出錯的事必定會出錯」的莫非定律，在舞弊調查案中總是一再被驗證。

　　以經手某實驗室的舞弊案為例，舉報內容為實驗室主管濫用公司昂貴的精密檢測儀器，私自接下外部客戶的檢測訂單，進行各項收費的檢測服務，還因此延誤公司內其他單位的檢測案件時程。起初擬訂案件調查方向時，我們非常有信心，認為只要在這些精密檢測儀器上找到做了哪個單位的檢測、檢測時間、檢測種類，有了完整紀錄之後再排除公司內部的檢測訂單，就可以掌握當中有多少是私接的訂單，破案可說是近在咫尺。沒想到，這些儀器根本就沒有留存這麼詳細的資料，至於實驗室人工繕寫的工作日誌，當然也不會笨到記錄私接的訂單。因此案件又陷入膠著狀態……

　　不必為我難過，資料不足絕對不只有我才會碰上，因為公司可能：

（1）**一開始不知道要留紀錄**：當初系統或流程設計時，有誰能預知會發生這類舞弊事件呢？

（2）**想留紀錄但無法留**：即使未卜先知，要求系統或流程設計加上這一道流程留下紀錄或文件，也可能遭遇困難。資訊部會說保存這樣的紀錄會嚴重影響系統效能（當機你要負責嗎？），或是要加預算擴充儲存設備（你出錢喔！）；實際上的執行者會搬出抱怨卡（拜託，我工作很多了，好嗎？留這文件要幹麼啦！你懂不懂民間疾苦呀！），甚至威脅卡（你堅持要這樣做，我就離職！），來阻擋文件的留存。

（3）**即使留紀錄了卻不完整**：就算好不容易得到大家的共識，能夠留存相關資料了，但在實際運作上根本沒有落實，等到必須調閱的時候才會發現到紀錄根本不完整。

（4）**紀錄留存完整卻留不久**：如果舉報內容屬於「遠古」時代，系統可能根本沒有留存這麼久的資料，即使有紙本存檔，也早就因為公司搬遷或是併購，而不知去向。

（5）**留存紀錄了但沒有妥善保護**：假設調查階段保密破功，又沒有良好的存取控制機制，系統資料與紙本紀錄可能會被舞弊犯提早抹除。

不過，以上這些理由，並不是做為被老闆罵時的擋箭牌。一旦發現留存資料不足，就應該趁案發後重新檢討改善，避免出現類似案件再次發生、依舊沒資料可查的窘境。

2. 缺乏專業知識

許多舞弊案件都會涉及特定領域的專業知識，而這些專業通常不是

調查人員擁有的。比如說，採購弊案中，競爭廠商舉報某供應商提供的產品，售價遠高於市價。你找來採購和廠商問訊時，他們絕對拋出一堆似是而非的理由，最常見的就是「這個產品是訂製品，當中添加了特殊成分，所以效果特別好，不能和一般市售規格相比」，再搭配一些專有的行業術語轟炸，以及一句類似「如果要換成一般市售品可以呀，產品品質有問題你負責喔」的狠話，通常沒有經驗的調查人員就只能摸摸鼻子了。

這時，領域專家就必須出場，協助我們分辨受訪人員是否又在鬼扯。採購領域專家可以協助判定所謂的訂製品是否真的和市售品有明顯的差別，還是根本一模一樣，只是在採購內鬼的協助下變成不同料號。工程領域專家可以協助估算外包鷹架廠商提供的請款單，確認在其宣稱投入的人天數之下，鷹架的完工數量是否符合常理。

挑選領域專家時，有一些需要特別注意的地方。一是盡量選擇與該案件無關的人員，像是不同廠區或同集團不同法人的專家，甚至是需付費的民間公正第三方專業人士；二是務必保障他們的人身安全，畢竟龐大利益當前，「擋人財路如殺人父母」，小心為上。

3. 無法取得外部強力證據

調查與外部廠商勾結的舞弊案中，很多時候就差那「臨門一腳」能夠讓嫌疑犯乖乖認罪。那個能夠讓犯案者「一刀斃命」的關鍵證據，通常都要檢調機關才有權利可以調閱與搜查，像是嫌疑犯與廠商的金流紀錄、通話紀錄、通訊軟體對話紀錄、GPS定位紀錄等等。

以前述採購弊案為例，即使找了領域專家作證、即使找了市場上類似

產品的報價、即使發現該產品居然沒有第二供應商，比較賴皮的採購經辦仍準備好各種似是而非的理由來搪塞你，像是「採用的單位用了 5 年，對品質讚譽有佳，代表我幫他們採購到好的原料，有什麼錯？」、「當初引入這個供應商，以及產品代碼的建立，採購單位的最高主管都簽核同意了哷，我只是小咖，你們要不要找他問問，是不是和供應商有勾結呀？」、「我就是能力不足啦，找不到這麼便宜又好的供應商，你們來當採購啦！」。

4. 舉報內容模糊

舉報內容詳盡，又附上完整佐證文件，簡直可以直接報案的案子，絕對是可遇不可求。我想，能常常遇到這種案件的人，上輩子一定是拯救過銀河系。曾經參與一件資訊主管收受廠商回扣案，舉報人跟監了該主管，還在機場用數位單眼相機拍下他與廠商一同出國的高清照片（居然有舉報人願意跟監到機場用數位相機拍照，讓整個案件罪證確鑿，堪稱舉報模範）。封存該主管的電腦進行數位鑑識時，也碰巧發現他將收賄的明細整理成一清二楚的 Excel 檔，當中還附上廠商匯款給他的小三之後通知他的 Line 訊息截圖。證據確鑿，該主管根本無法狡辯，一切真的得來全不費工夫。

可惜的是，多數舉報案件（大概 99.999% 吧）一開始的描述多半不夠詳盡，需要多次與舉報者往來討論詢問，才有可能拼湊出比較完整的拼圖。也有詳細追問舉報者說法後，得到的答案卻是「某天在員工餐廳吃飯，聽到隔壁老王說的，反正舉報有獎金，不拿白不拿」。

從為了碰運氣看能否撈到舉報獎金的案例來看，舉報背後的動機其實並不如你我所想的那麼單純。有些是供應商股東間發生紛爭，乾脆玉石俱焚而舉報；有些是供應商想送錢賄賂，遇到正直的應對窗口，覺得此人不識相，所以捏造事實舉報，一般公司寧可先信其有，就會先調離這個窗口，正好稱了供應商的心；也有員工為了升官，刻意抹黑同為候選人的同事；甚至有辦公室不倫戀，好聚卻無法好散（可能分手費沒談妥），心有不甘而爆料的。

5. 心理素質與問訊技巧不足

試想有一天，坐在會議室另一邊的嫌疑人，居然是你工作上經常合作的同事，他的工作表現十分優異，你們還經常一起吃飯，滿腔熱情的談論如何讓公司更好，甚至假日還常常一起出遊，最後變成無話不談的好友。但是，你現在卻得一邊非常嚴肅的質問他為什麼要幹這種事情，一邊想著「你不應該是這樣的人呀，有什麼誤會嗎？」、「你家庭的經濟都指望你，你去坐牢，你的家人怎麼辦？」。我想，除了那些曾擔任警察、公安或檢調的專業人士以外，一般人一定沒有這麼強健的心理素質來處理眼前這種混亂。

以前共事過的一位同事，在弊案調查上經常協助提供各種資料，能力好又正直，每次講到弊案，他都對涉及的嫌疑犯嗤之以鼻。結果，我後來竟然收到關於他的舉報，證據非常明確，手法居然還和之前他不屑為之的弊案相同，真是讓人不勝唏噓。

至於問訊技巧，也不是看了書馬上就能學會。我有位同事看了美劇

《謊言終結者》（*Lie to Me*），學到一個不錯的測謊技巧──請嫌疑犯用倒述方式回憶事件，因為這對說真話的人來說非常容易，對說謊的人來說非常困難。隔天在訪談一位女嫌疑犯時，聽她花了好多時間終於講完了一個很複雜的事件，該同事靈機一動，立刻學以致用的說：「能不能請妳倒著再說一遍？」嫌疑犯當場氣炸了，劈里啪啦罵了一堆話，像是「你們台灣人了不起嗎？只會欺負大陸同胞！」、「我剛剛都已經說得那麼清楚，你還要我倒著說，當我吃飽太撐嗎？」。

有效率的調查架構

既然弊案那麼難查，如果哪天不幸被老闆指派去查，那是不是乾脆直接遞辭呈好了，反正不幹最大？可惜多數的我們都是打工仔，還有家庭要養、貸款要付，無法這麼霸氣拒絕。

那有沒有比較好的調查架構，可以減少或避免遇到上述會遇到的問題呢？這倒是有的，而且很樂意和大家分享。

1. 案件務必排序

如果公司定期進行舞弊認知教育訓練，通常在宣傳舉報機制後，收到的舉報案件都會暴增（如果還有舉報獎金，那真的會接到手軟）。沒有公司可以提供無限的資源查弊，也沒有老闆擁有超級耐心可以等候每個案件都查得一清二楚，因此先把各舉報案件一一排序，再依照順序投入適當資源，才是可行之道。

那要用什麼標準來排序呢？建議採用兩個指標──重大性與可信度。

重大性可以是舉報內容涉及的金額、涉案人層級、涉案人數、影響範圍等，越重大代表對公司的影響越嚴重，一個涉及採購長、金額高達上億的案件，與一個採購經辦收受幾百塊人民幣的購物卡，孰輕孰重，應該很好分辨吧？

可信度則是指這個舉報內容是否與舞弊相關（性騷擾、職場霸凌都不算）、是否清楚描述案情、人事時地物是否合理（提到的涉案部門是公司根本沒有的，就不合理）、是否附上可信的證據（不能是隔壁老王說的）、是否已多次遭人舉報等，越可信的案件，調查人力的投資報酬率越高，也能為公司帶來越顯著的效益。

明確可信的大案，當然是第一優先，存疑的小案就排到後面。問題是，碰到「存疑的大案」與「罪證確鑿的小案」，哪個要先辦呢？（腦海已出現波士頓矩陣〔BCG Matrix〕了）。

問老闆。

這不是開玩笑，我建議所有弊案的排序一定都要找老闆討論，畢竟辦公室生態複雜，有些罪證確鑿的小案反而重要，因為老闆早就想對某些人開刀，正缺一個好理由；有些大案雖然不一定能水落石出，但可以敲山震虎，挫挫那些氣焰愈來愈囂張、功高震主戰將的銳氣。

你可能會說，查個案子還要想這麼多，有夠麻煩。我則會說，人在職場，身不由己。

2. 事前詳盡規畫

有了明確的辦案優先順序後，要破案不能僅靠滿腔熱血。直接把嫌疑

人抓來詢問，不管動之以情還是曉之以理，都只會打草驚蛇，所以破案最重要的關鍵在於冷靜沉著、縝密規畫。首先，務必詳讀舉報內容（不清楚就再問舉報人）和所附上的證據，調查小組據此初步擬訂幾個需要查證的假設，以及掩護真實意圖的查證方法。得到初步查證結果後，再針對訪談內容進行沙盤推演，包括：要問哪些問題、如果嫌疑人用這個藉口要怎麼反駁、要在什麼時間點拿出佐證打他臉等等，這些規畫所需要的時間與心力，不亞於實際調查工作，但好的規畫絕對可以事半功倍。

舉例來說，某採購主管遭人舉報在外私設供應商，並用遠高於市價的價格與該供應商採購。這裡至少有兩個假設要查證，一是該供應商是否確實為採購主管所私設，二是採購價格是否合理。在初步查證之時，建議不要只取得案件相關的供應商與產品資料，可用例行性稽核、ISO 稽核或是老闆最近關注需做專案分析等理由，一併索取其他與案件不相關的供應商與產品資料，避免打草驚蛇。

要查證供應商與採購主管的關係，可以先調出供應商建檔紀錄，檢查負責人、董事、股東、地址、電話等資訊是否和採購主管有關聯，或是從企業徵信網站查看重要的變更紀錄有沒有透漏什麼訊息；要查證採購價格是否合理，可以請其他幾家供應商報價，或是自行訪查市價等方式來調查。

查核完畢，發現該供應商負責人為該採購主管的妻子，且採購價格高於市價 30%，則下一步得規畫訪談其他供應商、使用單位的窗口、採購經辦，以及該採購主管。訪談其他供應商目的在於確認此產品價格的合理區間、報價過程當中有沒有遭到暗示或刁難；從使用單位的口中，希望能夠知道該產品是否有品質異常，或是要求更換廠商時是否曾遇到阻礙。

採購經辦通常知道最多細節與內幕，因此必須先把得失利弊全部攤開來，讓經辦知道公司是玩真的，忠心護主是沒有好下場的；最後的「大魔王」採購主管，因為在調查過程中應該有所耳聞，一定準備非常多防衛的理由。一開始可以先詢問他大量的已知事實，讓他先把精力都集中在這些不痛不癢的問題上，等他以為快結束或精疲力盡時，再拿出真槍實彈對付，通常都有不錯的效果（但前提是你不能先精疲力盡）。

3. 多方蒐集證據

不管最後要不要提告，如果企業資源允許，一定要採用訴訟標準來蒐集證據，特別是極為脆弱的數位證據。因為，大部分老闆看到調查結果、得知實際舞弊的金額和期間後，通常都會氣到要吃降血壓藥；如果涉案員工對話紀錄中還大罵老闆死豬頭，那老闆一定會嘶吼：「告死這個忘恩負義的王八蛋！」

即使不是每次查弊都能有一刀斃命的證據，但也千萬不要灰心，可以用多個間接證據來補強。比如說，我們無法證明倉庫的高價存貨是某人拿走的，但從監視器可以看到嫌疑犯的體型和打扮，與某人非常相似，門禁刷卡紀錄時間也非常吻合，甚至再補上公司無線設備中，相同時間也有某人手機自動連上公司 WiFi 的紀錄，相信這樣程度的證據就可以報案了。

4. 不吝向外求助

需要各領域專家或是外部專業資源，一定不要吝於求助，比如說硬碟封存、訴訟律師、建築師等，畢竟沒有人是萬能。但請務必把握與這些專

家合作的機會，從中觀察學習，檢討自己的盲點，擴大自己的視野，是成為專業舞弊調查者的必經之路。

舞弊調查確實是一個吃力不討好的工作，但絕對是不可或缺的。因為它可以恢復嫌疑人的名譽，也可以懲罰舞弊犯，點出公司制度與流程問題的所在。不過，就 ACFE 的調查，弊案潛伏的時間越長，牽涉的金額越高，而且是倍數成長。有沒有什麼辦法可以早點發現舞弊呢？

LESSON **10**

從各種異常窺見舞弊端倪

貪官要奸，清官更要奸，要不然怎麼對付得了那些壞人？
　　──包不同，《九品芝麻官》

　　經常見面的卡車司機「小余」，找了陳桂豐和廢鐵回收商老闆「老三」一起在中壢市某間飲食店吃飯。在這頓飯之前，陳桂豐從沒有想過居然有這麼聰明的賺錢方法，也自然無法相信像他一個月薪 3 萬多的地磅操作員，竟然可以在 15 年內輕鬆賺入 1 億 2 千多萬。因此，當小余與老三解說要如何以電話確認他在地磅站當班的班表、如何記錄廢鐵噸數、如何每月對帳、如何用現金交付款項等等細節的時候，陳桂豐雖然都點點頭，也發出「嗯」的聲音表示贊同，但其實腦子還停留在「這麼多錢該怎麼花」的甜蜜困擾中。

　　而這個發大財的關鍵在於，地磅系統「過磅後仍可修改重量」的超級大漏洞。先前東和鋼鐵的系統還沒這個漏洞，可是在一次電腦程式升級後，居然就這樣憑空冒出來了，而且還是小余和老三主動告訴他的。陳桂豐心想，這一定是天助吧。自此，只要是他在地磅站當班，小余就會載滿老三公司販售的廢鐵過來，做為東和鋼鐵冶煉成鋼的原料。過磅的時候，地磅站電腦內的自動抓重程式會秤出正確的噸數，陳桂豐要做的事情很簡

單，就是刪除原先的噸數，再手動輸入更多的噸數，然後印出磅單。

不過，浮報的噸數也不能太誇張，否則貨車開進去以後，廠長或其他員工檢查廢鐵品質時，會發現明明只能載 50 噸的卡車，磅單上卻列了 100 噸，鐵定出包。因此他每次都小心翼翼，每車平均「只」虛報 6 噸左右。眼光要放得遠，才能賺到長錢嘛！而且，擔心有人會發現噸數遭竄改，因此每次調整噸數前，他都記得先切換成其他同事的帳號，這樣以後萬一出事，從系統紀錄來查，他還可以否認到底。

這些浮報廢鐵的「變現」過程，也十分簡單，老三只要拿著被虛報的磅單，向東和鋼鐵請款，財會核對手邊的磅單存聯，確認噸數一致就會付款了。這些浮報噸數的獲利，自然由他們三人平分。

15 年下來，5,000 多台車次，完全沒有人發垷。

至於這些錢怎麼花呢？陳桂豐經常到台北或台中知名酒店消費，出手就是一、二十萬，眼睛都懶得眨一下。為了追女友，他更是闊氣，奉上百萬歐系名車、千萬生活費，甚至愛屋及屋，連女友媽媽都有國產車當做見面禮。[13]

然而，好景不常（不過 15 年也夠了），2012 年 1 月 9 日，終於有同事察覺他任意修改磅數，東和鋼鐵於是開始調查他經手的磅單，而且在過磅站設置的錄音裝置也錄到小余和他討論修改磅單的對話，整個事件才終於曝光。

13.〈東鋼地磅工，15 年詐 1 億 2 千萬〉，《自由時報》，2012 年 6 月 16 日。

越早發現舞弊，絕對越好

雖然「如果」、「早知道」這樣的後見之明或是悔恨之詞，永遠都於事無補，但請容我假設一下：如果，東和鋼鐵在虛報後的第五年、甚至第一年就發現磅單被竄改，損失會不會大幅降低？根據 2018 年 ACFE 的世界舞弊現況調查報告指出，舞弊期間超過 5 年的案件，其所造成的損失金額，是 3 至 4 年案件的近 2 倍，是 1 至 1.5 年案件的近 6 倍。這代表若能越早發現舞弊，絕對可以大幅減少公司的損失，而且越晚發現舞弊，損失金額絕不是單純的等差級數成長，而是呈等比級數暴增！

只要把自己想成是舞弊犯，你就可以發現，上述調查結果的確非常符合心理學中的「破窗效應」（一棟大樓裡若有破窗沒有及時修好，就會有破壞者闖入大樓打破更多窗戶，甚至縱火。它強調的是及時矯正輕微罪行，有助於減少更嚴重的罪案）。一開始，舞弊犯為了確認自己規畫的手法確實可行，順便試探公司監控機制的運作情形，因此多半都會先做些簡單的測試。確認方法有效，且沒有監控機制發現他的異常行為後，接著從小金額開始，一旦順利得手多次，膽子就大了，牽涉的金額也就愈來愈多。

多年前知名的運彩舞弊案，林姓襄理利用原本就存在系統的「重啟下注」功能，在賽事結束比分已知後，短暫重啟該賽事的投注，並要求女友或朋友購買該賽事的彩券，再迅速關閉投注功能，所以每次絕對都中頭獎（因為開外掛，用時光機）。真正開始舞弊前，林某早在前一個月就分別針對大三元（猜三場指定棒球賽的比分）與大四喜（四場足球賽）這兩種賽事類型，測試「重啟下注」的監控機制，確定主管根本沒注意到這項特殊功能被開啟後，才開始請女友或朋友購買彩券。若不是一名老翁在林某

「重啟下注」的短短瞬間,剛好也買了彩券,發現是過期彩券後投訴,讓運彩在三個多月內就揭發這起弊案,不然它的損失,絕對不只是已被詐取的 40 多萬而已。

問題是,一家公司如果員工很多、每天的交易量龐大、營運地點的分布又很廣時,該從哪裡開始揭弊呢?

各種「異常」,正是揭弊的起點,它包含人的異常「行為」,以及企業營運的異常「交易」。

人的異常行為

一旦涉入舞弊,犯者會開始擔心是否會露餡、同事或新主管會不會察覺,這種提心吊膽的防備勢必會對心理造成極大的壓力,加上經濟上多了額外之財,他們的行為模式絕對會變得與先前截然不同。以下是舞弊犯會出現的異常行為:

1. 生活方式忽然變得豪奢

曾經有一位中部的傳產老闆,很得意的和我們分享他是如何發現服務 20 年的資深會計媽媽侵占公款。原來是,這位媽媽向來非常節省,去美容院都只會剪短髮,或是燙個捲髮,所以老闆已經習慣她的花媽頭。有一天,會計媽媽居然燙了個最時尚的大波浪,還把那些日益明顯的白髮也染黑了,在其他同事簇擁著她和七嘴八舌稱讚的時候,老闆直覺有點不對勁,就順手查了一下幾年來的帳務,赫然發現這位會計的舞弊事證。

「突然」豪奢,絕對是一個起點。當然,也不是所有的「突然」豪奢,

都一定是舞弊，比方說，調查完突然豪奢的情況後，你可能會發現，某個員工的老家因為劃入都市計畫區，必須被強拆，政府給了一大筆搬遷補償，他變成「拆二代」，所以改開賓士上班；也有可能某個小資女手上忽然拿了正版愛馬仕，只不過是嫁入豪門前，婆婆給的一個小小見面禮而已。

2. 財務困難

照理說，多拿了不義之財，舞弊犯的財務狀況應該會好轉才對，怎麼還會出現財務困難呢？財務困難是「因」沒錯，也是重要的舞弊動機，但能不能因為額外之財的注入而解決，得看那個「洞」有多大。我經手過幾件女性犯下的案子，多半是因為先生經商失敗，身為太太實在於心不忍，於是開始挖東牆補西牆，希望幫先生度過這次的難關。先生看到源源不絕的資金流入後，更有恃無恐，做了更多大膽的投資，資金需求愈來愈大，最後缺口大到掩蓋不住而爆發。

3. 與供應商或客戶過從甚密

常常聽到舞弊調查人員抱怨：「這個採購人員怎麼處處幫供應商講話、替他們求情、該處罰的也輕輕放過，到底誰付他們薪水呀？」、「這個業務怎麼可以把產品賣得這麼便宜，對方又不是超級大客戶，被大客戶知道還得了？」。沒錯，世界上沒有無緣無故的愛，也沒有無緣無故的恨，如果你發現公司內部人員與供應商或客戶交情好得不可思議，如果不是有正在交往的曖昧關係，就是存在不正當的利益關係。

4. 異常負責

　　如果有一位負責計算每月薪水的人資，最近懷孕準備請產假，但是因為薪水計算非常複雜，一時之間很難交接完全，她又不想增加同事的額外負擔，所以要求公司給她一台筆電，這樣她請產假的兩個月還可以在家幫忙算薪水，那麼老闆是否會痛哭流涕，然後頒個模範員工給她？

　　先別急著點頭，這個劇情不是我虛構的，而是台灣某上市櫃公司的人資舞弊案，該名人資7年內詐領了近7千萬元。她並不是責任感爆棚，而是怕交接後，接手的人發現那些用來詐取薪資的幽靈員工而已。

　　當一個人忽然常常犯錯（因為露出馬腳，所以辯解為粗心做錯）、上下班時間異常（因為要提早來或晚點走，才能趁沒有人在的時候盜用印章或湮滅證據），這都是常見的警訊。只要主管有心觀察，一定可以發現不少舞弊的蛛絲馬跡。有位前輩曾分享一個小技巧，沒事可以到員工停車場晃晃，觀察掌握採購大權同事開的車是不是突然變成租賃車（車牌R開頭），而且是豪華的ABB（奧迪、賓士、寶馬），因為這極可能是供應商租來拉攏關係的。

企業營運的異常交易

　　除了人的行為以外，另一個重要的線索則是日常交易行為。拜資訊化所賜，企業的重要交易行為，已經有非常高的比例從紙本作業轉為數位化，這極有利於透過資料分析的技術發現與常規交易不符的「異常」，進而挖掘出潛在的舞弊行為。

不過，令人擔心的是，由於數據分析已成為顯學，不少人開始「為了要分析而分析」，甚至先射箭再畫靶，而非「為了解決問題而分析」、「為了找到答案而分析」，浪費不少資源與力氣在不重要的議題上，十分可惜。

以下透過幾個常用的異常交易分析範例，闡述如何從異常交易監控中，發現潛在的舞弊行為。

1. 採購付款的異常

要做個出淤泥而不染，還能保持初衷的專業採購，實為不易，因為採購界充滿各種誘惑，而且很多人一旦收下供應商的錢，就很難回去了。就算你抵死不拿，也會被共犯結構中的同事們排擠甚至誣陷，怎麼做好像都不對，堪稱「採購者的兩難」。而採購者最流行的舞弊手法，不外乎：

（1）**在外私設供應商**：與其給外面供應商賺，不如自己賺，肥水回來自己田。檢查異常交易時，最簡單、效果也不錯的分析方式，就是比較公司資訊系統內供應商主檔的各項資訊，如地址、電話、負責人姓名、股東姓名、匯款帳號等，是否與員工或其親屬、緊急聯絡人等重疊。如發現 A 供應商的地址，居然與 B 員工的戶籍地址只差一層樓，或是註冊在住宅而非商業大樓，都絕對沒有好事。接下來，就可以透過實際參訪該公司、分析採購價格與市價的差異等方式，查看是否有舞弊行為。

你說，哪有人笨到用自己或親屬的資料去註冊公司？我只能說，就是有這麼笨的舞弊犯，也有這麼懶的公司，連這麼基礎的分析都沒做過，自然連這麼笨的方式都沒發現呢。

再進階一點的調查方法，不只比對基本資料，還檢查供應商成立的

日期，是否非常接近與公司初次交易的日期。照理說，採購部門的供應商開發（Sourcing）團隊，主要工作是在全球為每個重要的原物料都找到最合適的供應商。在這樣的前提下，如果某個原物料供應商才剛成立不久，採購就能在茫茫人海中找到它，代表的不是採購人員慧眼獨具，也不是心有靈犀加上修了百年的緣分，而是這家供應商絕對和採購有密切的關係。這個方法之所以有效，在於想要私設供應商的採購，不會把自己的公司先註冊好放著備用，而是等到有機會可以交易獲利時，才會趕緊去申請。檢查異常時，萬一不幸遇到準備充分、耐心又細心的採購，怎麼辦？那可以再分析供應商和我方的交易金額是不是一開始就十分龐大。理論上，一開始新導入的供應商，並不會馬上就拿到大量的訂單，必須等到合作一段時間，對於供應商的價格、品質、交期都有一定的信心後，才會開始增加訂單的數量。對於那些為了規避前述偵測而提早私設供應商的採購來說，已經隱忍這麼久，好不容易可以開始用自己成立的供應商交易，當然是趕快大量進貨，讓不法獲利趕緊入袋為安才對。交易後還得繼續保持低調，每年只增加少量交易額的超心機採購，我個人是還沒遇過。

你說，如果有，怎麼辦？只能說你真的有夠衰，居然遇到萬中選一的絕世高手。那只好試試最高階的方法，分析採購和供應商之間的郵件或電話往來。

正常的供應商和採購絕對會來回討論關於規格、品質、價格、交期等資訊，如果分析後發現採購 C 與他負責的每個供應商都有正常往來，唯獨和供應商 D 完全沒有郵件和電話往來紀錄，那麼很有可能採購 C 就是供應商 D 的老闆，他一人分飾兩角，在腦內自己和自己快速議完價格，所以不

需要繁文縟節的流程，多有效率呀。

（２）**收賄辦事**：雖然這個舞弊樣態的「前因」只有收賄，但是「後果」非常複雜，很難有單一方式能夠準確評估，原因是採購收賄後，可能造成採購價格高於市價不少，也可能價格差不多但大部分是劣質品，或是獨家供應商（不必要的專利或謊稱客戶指定），要不然就是採購超量或不需要的物料。畢竟，行賄一定得付出額外的成本，供應商不是慈善團體，賄款一定得透過某種方法回收，而不管什麼方法，羊毛一定是出在羊身上。

針對價格過高，之前經常有客戶詢問我，市面上有沒有所有原物料合理價格的完整資料庫，只要比對這個資料庫就可以發現異常了？

很可惜，並沒有。

那要怎樣發現採購價格不合理？可以從幾個方式判斷：（一）如果公司規模較大，可以比較集團間不同公司對於同樣品項原物料的採購價格，廠商之間的價格是否有明顯落差。（二）如果並非特殊品卻又只有獨家供應商，可以要求其他廠商報價，了解一般市價行情。（三）從品管或客訴紀錄中，查看是否有明明品質很差卻持續採購的料號與供應商，再去打探市價。

2. 銷售收款的異常

業務人員通常頭腦靈活，在業績目標導向之下，他們做事的「彈性」較高，但一不小心可能就會誤觸法網了，像是：

（１）**賤賣商品**：我們可以先分析哪些產品的售價差距很大，接著再去看看這些異常產品是賣給哪些客戶、由哪些業務負責、價格合不合理。業

務賤賣的理由很多，有可能是和客戶的採購講好，差價對分，又或是學採購私設公司行號，賤賣產品給該公司後，再轉手賺一筆。

當然，也有可能純粹是手指太粗，輸入錯誤。曾經協助某客戶進行售價分析，發現某產品的售價一年內居然差了 30 倍左右，專案成員士氣大振，準備好好報告這個優異的成果。結果詳細調查後才發現，原來是應該為美金的幣別，被助理誤輸入為台幣⋯⋯

（2）**詐領獎金**：為了能拿到業績獎金，有些業務會把下個月才成交的訂單弄到這個月，或是與客戶、經銷商溝通先借放一下貨（宏碁前執行長蘭奇〔Gianfranco Lanci〕慣用手法），真的賣不出去下個月再退回來就好，不肖的業務甚至假造客戶與訂單。上述情境分析上並不困難，只要能夠找到在月底結算前幾天才緊急成立的訂單，而且成立後業績剛好超過目標一點，或是月底進貨但月初就退貨的交易，大概就能發現了。

只不過，這種美名為「盈餘管理」的手法，有時候不是單一業務的行為，而是整個業務部門，甚至是高層的授意。

3. 人力資源的異常

人資異常交易分析上的困難，並不是因為邏輯複雜，而是資料的高度機密與敏感性。如果你想知道薪水有沒有發給根本不存在的員工，或是查看誰被無緣無故加薪，人資單位多半會告訴你「這是個資唷」、「薪資很機密，你沒有權限看啦」等原因，很多人就無法再繼續深入了解。這造成人資若出現舞弊，實際上還真不容易發現的現象。

難道我們就只能放棄了嗎？

不，山不轉路轉，若真的無法看主檔類型的資料，那改看其它不涉及隱私的欄位（如員工編號、單位等），以及絕對可以發現異常但又不碰個資的各種「異動紀錄」。

（1）幽靈員工：這個手法是小規模或內控極差公司的人資最愛，因為幫自己調薪可能有限度，直接多幾個分身幫忙領薪水，才是王道。幽靈員工的特色就是它在各種資訊系統中表現得像死人一樣，從不打卡、從不收郵件、從不用餐、從不請假、從不團購下午茶。只要把員工主檔的工號（不是個資），丟到各個系統中找出完全沒使用紀錄的工號，就可以立刻定位出疑似虛假的員工了。

（2）不當調薪：無法看薪資主檔沒有關係，我們改看薪資「異動紀錄」，也就是「誰在何時幫哪位員工調整薪資」。假設公司每年七月調薪，我們可以看看其他月份的薪資異動紀錄。若有紀錄，就請人資提供這個人在非調薪月份薪資金額被更改的原因與佐證。這時難免一定會看到個資，但至少已經努力最小化可見的範圍。

另外，還可以看看各種薪資加減項的異動紀錄，像是某些部門才有的津貼，怎麼別部門的員工也可以領，或是有人的薪資調幅明顯異於其他同事等，都是最小限度觸碰個資、即使後來要求看個資也都有正當理由的一些例子。

4. 研發機密的異常

數位化確實改善了流程的效率，但也方便了竊取營業祕密的舞弊犯，因為要取得耗資不菲的研發機密，難度愈來愈低。如果沒有嚴格控管，只

要從內部網站就可以下載到成千上百頁的資料，幾分鐘內就可以存到小小的隨身碟，藏在身上攜出也很難有人發現。因此許多高科技公司都會進行離職稽核，確保離職前員工沒有列印或下載研發機密，投奔敵營。

不過，因為研發機密的特性，一旦外流，損失幾乎是不可逆的，所以若能在外流前就提早發現，平時就分析機密資料存取的次數、時間、頻率等，找出異常存取的行為，像是突然的大量存取、假日存取、透過 VPN 存取（在家一張一張肆無忌憚的用手機拍照，比較安心）等，效果絕對比事後再調查與補救來得好。

上述四個作業流程上的異常，僅是舉例，只要有資料和分析邏輯，任何流程都可以進行異常交易的監控。重點是我們必須思考什麼樣的交易行為對這個流程來說是「異常」，這種異常多半來自於可能發生的「舞弊情境」。定義完異常後，再決定要拿什麼資料、用什麼方式來分析。

數據分析是舞弊偵測重要的方式之一，但得搭配上後文介紹的「舉報機制」，方能構成完整的偵測機制。

LESSON 11

舉報機制要「玩真的」才見效

我當記者學到的一件事，就是在美國職場中，至少會有一個心懷不滿的員工，
而有良知的員工數量會比心懷不滿還多一倍。這些有良知的員工，無論再怎
麼強迫自己，就是沒辦法在目睹不公不義發生後，還轉頭視而不見。
　　——麥可・摩爾（Michael Moore），美國著名紀錄片導演

　　任何新藥要在美國上市之前，必須由美國食品藥物管理局（以下簡稱
FDA）進行極為詳細的審查，通過後方能上市販售。一般來說，因為包含
臨床前研究、臨床試驗申請、臨床試驗、新藥銷售申請等階段，藥廠在每
個階段又必須提交非常多報告與文件，所以審查期間一般至少 10 個月起
跳。好不容易得到 FDA 批准，終於可以上市販售後，藥廠就可以安心數鈔
票了嗎？

　　並沒有。因為 FDA 也會持續監控新藥上市後是否有新的副作用，或
是較預期嚴重的副作用。若情況必要，會要求藥廠立即下架新藥。

　　而上市前的審查，與上市後的監管，還分屬兩個不同的部門，以確保
彼此都可保有獨立客觀的判斷空間，在內部控制的設計上頗為嚴謹，兩個
部門一定可以互相制衡的吧？而且內部專家多具備醫學背景，多少都聽過
甚至宣誓過「希波克拉底誓詞」，擁有高尚醫德的他們，一定會把全美乃至

於全世界病人的健康與生命當做是最重要的事情來看待吧？

很可惜，至少在 2007 年之前，上述猜想全部都不成立。

上市前的審查單位「新藥辦公室」（Office of New Drugs），在所掌握的預算與專家人數上，都強勢輾壓上市後的監管單位「藥物安全辦公室」（Office of Drug Safety）。藥物安全辦公室因為預算少，無法取得足夠的資料與進行大量的研究，所以很難證明已上市的新藥有危險，加上並未被賦予撤銷上市藥物許可的權力，僅能「建議」當初核准的專家收回成命。在這樣權力失衡的結構下，藥物安全辦公室所提出的收回建議，自然就經常遭新藥辦公室打槍。

假設你剛好在這個人單勢孤的部門中服務，2004 年 8 月的時候調查了一款名為偉克適（Vioxx）的消炎止痛藥，從 1999 年核准上市至 2004 年已五個年頭，根據 140 萬個病人的資料顯示，服用偉克適的患者，心臟病發的副作用機率倍增；如果患者改服用他牌消炎止痛藥，就可以減少 2 萬 7 千個心臟病猝死的病例。就你的預估，此藥上市之後，至少有 6 萬名美國人因服用此藥而心臟病發死亡，人數與越戰死亡的美國人數量相當。

勢力龐大的新藥部門，一如往常的挑剔你的研究假設、病人資料的不全、藥物使用方式等，就是要打臉你的報告，這並不意外。但是，沒想到連你的老闆、監管部門的頭子也不挺你，要你調整報告中對偉克適的批評。更誇張的是，幾天之後偉克適就被核准使用在兒童身上。多響亮的一巴掌！

這時，你願意冒著被主管拉黑、同事霸凌、失業回家吃自己、甚至是藥廠天價訴訟的風險，為那些素昧平生的廣大未來病患們站出來嗎？

瘦骨嶙峋的大衛　‧　葛拉漢博士（David Graham）願意。

就在報告被打臉後的一個月，說巧不巧，生產偉克適的製藥巨擘默克（Merck）主動宣布，由於最近一項由默克資助的研究顯示此藥確實增加病人心臟病的風險，自願下架收回。輿論開始把矛頭指向 FDA，指責為何把關如此不嚴謹，時任參議員查克　‧　葛雷斯利（Chuck Grassley）甚至為此召開聽證會。葛拉漢在聽證會上，除了直陳 FDA 制度上的缺陷，導致未來仍可能會出現下一個偉克適以外，還提出其他五種應該也要下市的藥。葛拉漢雖然正直，但一點也不傻。他知道如果在聽證會說太多實話，工作一定不保，所以先聯絡了保護吹哨者的非營利組織「政府問責計畫」（Government Accountability Project），尋求協助與保護。

葛拉漢這樣的勇氣與智慧，最後使他獲選為當年度《富比士》雜誌的年度人物。

為什麼需要舉報機制

如果看完葛拉漢博士的案例，你還是無法了解舉報機制為何如此重要，那再從另外一個角度來分析。

電影《無間道》中，重案組的警司黃志誠，是如何獲得黑社會老大韓琛的各種犯罪行為情報呢？透過行為與交易異常的資料分析？

不，他的王牌是懂摩斯密碼、隨時臥底在韓琛身邊的陳永仁。

既然舞弊也是一種犯罪行為，是不是也可以在舞弊犯旁邊安插臥底呢？很難，因為舞弊犯不像黑社會，存在一個明顯的犯罪集團，也沒有一個固定的活動場域，所以實務上最大的問題就是你根本不知道舞弊犯在哪

裡。既然不知道誰是舞弊犯，要如何安插臥底呢？

不須氣餒，臥底的價值並非成功安插「臥底」，而是獲得「內部人情報」。既然無法派出臥底，可否退而求其次，從其他管道得到關於舞弊行為的「內部人情報」？

有的，那就是舉報機制。

舉報機制讓你可以不用派出臥底，而是耐心等待看不下去的正義員工、受不了索賄的供應商、因分贓不均而不滿的舞弊共犯等，自願成為你的臥底，主動透過舉報管道提供弊案的相關線索。

舉報機制到底有多好

每當學生、業界學員或是客戶詢問，因為資源有限，如果只能建置一個舞弊防治機制，我會選哪一個時，我的答案一直都是「舉報機制」。

原因是好的舉報機制效果十足，建置上也十分快速簡單，堪稱是 CP 值最高的舞弊偵防方式。

ACFE 歷年來的世界舞弊現況調查報告，都再再顯示舉報機制是最容易發現舞弊的管道。以 2020 年的報告為例，有高達 43% 的舞弊案件，都是透過舉報發現的。

而且許多利用其他方式很難查到的舞弊，只要有明確的舉報資料，都有機會能夠突破。我曾經手的某個採購弊案中，銷售金屬原料的供應商，長期利用白手套支付回扣給採購人員。產品品質沒有問題，使用單位幾乎未抱怨過，而且該金屬原料是特製規格，無法直接與一般市面上的通用品比價，除非是行業內的專家才有可能發現價格高得不合理，因此傳統的偵

測方式幾乎不可能發現。直到供應商的股東間發生糾紛，才有人拿出支付給白手套的匯款資料，以及白手套支付使用單位各種費用的訊息截圖舉報，讓長期的行賄事件爆發出來。

這樣的「穿透力」，是其他方式無法達到的。而舉報機制在建置上，相較於其他偵測方式來說也確實簡單不少。像是電子郵件、申訴專線、即時通訊軟體等舉報管道，只要申請帳號、使用測試、公布員工周知、再指派適當人員定期處理舉報內容即可，進入門檻一點都不高。

各種舉報管道與其優缺點

我過往授課時，一定會詢問學生或業界學員「若你今天想要舉報，你會採取哪種方式」這個問題。不意外的，大家對於舉報管道都有相同的偏好——沒有人會當面檢舉，多半用電子郵件或網站。原因也很單純，因為舉報者都不希望暴露身分。以下依照舉報者偏好程度由低至高，介紹幾種常見的舉報管道。

1. 當面檢舉

舉報者直接現身負責處理舉報案件的部門辦公室，可說是現代版的「擊鼓鳴冤」。此方式可以直接面對面與舉報者溝通，詳細了解案情與溝通雙方合作模式與期待，絕對是最有效率的方式。不過，由於全公司都知道哪個部門負責接受舉報，因此只要不相關的人出現在該部門辦公室，甚至與該部門員工談話，都會被懷疑是舉報者，不但舉報者因身分外洩而遭到報復，也會因為打草驚蛇而讓後續調查效果大打折扣。

2. 電話專線

　　電話專線較當面檢舉來說稍具隱密性，但仍舊很少舉報者願意採用。原因是為了案件管理與日後調查方便，公司通常都會保留通話錄音，而這樣的錄音很可能遭到有心人士外流，進而辨認出舉報者的身分。當然，舉報者如果有心，刻意裝娃娃音、捏鼻子、甚至買一個柯南「變聲領結」，也是可以適度掩飾身分啦。

　　我之前的調查經驗中，甚至還有舉報者擔心來電號碼可能會洩漏身分，因此刻意跑到飯店撥電話，導致後來我們想聯絡舉報者討論問題時，回撥也無法聯絡上。

3. 實體信箱

　　就如同住家的信箱，設置在員工都可以投遞的地方，像是員工餐廳、辦公大樓入口等。這些地方因為人來人往，在信箱前的一舉一動都會被高度關注，因此敢投遞的勇者並不多，甚至如果不定期打開清理，裡面可能會被垃圾塞滿。

　　有次我到南部某傳產企業出差，在員工餐廳就看到一個木頭信箱掛在餐廳入口的牆上，客戶驕傲的說：「這就是我們公司的投訴信箱，同仁有任何問題都可以反映，我們總務同仁會定期檢查整理給老闆看。」我詢問客戶舉報數量多寡，他很高興的說：「幾乎沒有，因為我們就像一個大家庭，我們信任員工。」

　　也有學生曾跟我說，如果真的得用實體信件舉報，他會先想好信件的內容，再剪下雜誌或報紙上的文字，一字字拼湊成一封信的內容。我建

議他，這樣做雖然可以避免筆跡被認出來，但也會被當成勒索信而報警處理，可以改用電腦打字然後列印出來就好。

4. 即時通訊

現代人已經離不開即時通訊軟體，因此也有企業提供這種舉報管道。但不管是 Line、微信或 WhatsApp，在註冊時或多或少都會連結到使用者的真實身分，對話紀錄或大頭貼也可能被截圖外流，因此舉報者對此方式仍有疑慮。

5. 電子郵件

電子郵件是最普遍的舉報管道，多半使用董事長信箱、獨董或監察人信箱、總經理信箱、人資信箱，或是專屬信箱。不少公司還會把這個舉報信箱公布在官方網站，好讓外部廠商、合作夥伴等也能夠提供舉報訊息。台灣某金控曾經在官網上列出舉報專用信箱，是擔任獨董的某大學教授學校信箱。不過若真的有舉報者要寫信舉報，一定會發現怎麼寄都不會成功，因為官網上提供的電子郵件信箱居然拼錯了。幸好，該金控發現後立即修正，否則外部人還會誤以為公司是刻意不想收到舉報信呢。

如果是使用公司內部的信箱當做舉報管道，還有另一個議題須特別注意，那就是管理信件伺服器的資訊單位，到底有沒有權限看得到這些舉報郵件，不然，可能案子還沒辦完，全公司都知道誰舉報了什麼事情，因為資訊單位早就到處宣傳了。

自 2011 年起，時任永豐餘集團子公司的徐姓資訊長，即涉嫌透過郵

件系統的漏洞，多次竊用總裁何壽川的帳號，偷看他往來的電子郵件。一開始徐男否認，不過調查局鑑定徐男的筆記型電腦後，確實發現一些暫存檔案，可以做為證明他利用瀏覽器來觀看總裁信件的「痕跡」。

舉報者通常都會另外申請免費的匿名信箱，避免身分外洩。因為是註冊完即丟的免洗信箱，舉報者沒有習慣定期檢查是否有新信件，或是早已經忘記密碼，因此常常調查過程中回信給舉報者詢問進一步的細節時，最後往往石沉大海。

6. 網站

舉報者依照網站說明，填寫網頁上要求的各項資訊，並可上傳附件補充資料。如果公司有意願也有能力做好舉報，舉報網站是我個人最推薦的方式。一是可以過濾掉亂槍打鳥的舉報者，畢竟要填寫和回答的問題並不少，可以減少無誠舉報者的騷擾；二是透過網頁的說明與欄位限制，可以讓公司得到更完整的舉報資訊，像是案件相關的人事時地物，遠比電子郵件完全取決於舉報者程度的方式，來得更為可靠；三是舉報者填寫完弊案資訊後，網站可產生專屬的案件代碼與密碼，舉報者日後可透過這組代碼與密碼登入，了解案件處理情形，以及回覆調查團隊的疑問或補充文件，達到持續匿名溝通的功能。

舉報機制成功關鍵

既然舉報機制建置簡單又效果十足，那為什麼許多公司的舉報機制成效仍然不好？簡單的答案是，因為多半都不是玩真的。

從前面的說明可以得知，舉報機制建置一點都不難，但是要發揮應有的效用，卻非易事。以下幾點是輔導多間公司之後，所歸納出的關鍵成功因素：

1. 誠信文化

公司高層是否以身作則，維持誠實正直的企業文化，絕對是舉報機制成功的關鍵。有些企業總是經常提醒員工，必須誠信且遵守職業道德，但老闆們卻持續在背後掏空公司；或是老闆要求採購人員不准收回扣，但在推展業務時為了取得訂單，竟然又塞錢行賄。員工們看到這樣說一套做一套的高層，以及混亂的道德守則，又怎麼會相信舉報機制？

另外，或許是每個人多少都曾被「抓耙仔」拖累，又或是社會崇尚所謂的「義氣」，導致舉報者一直以來都不受歡迎。不過，閱讀至此，你還會認為那個讓全世界病患不用擔心因藥物副作用而死亡的葛拉漢，單純是 FDA 的「抓耙仔」嗎？那位自行採購器材蒐證又千里報案的屏東老農，所作所為違反了身為一個屏東鄉親的「義氣」嗎？

因此，公司必須塑造「舉報友善」的氛圍，讓員工都清楚對於舞弊行為的舉報，是「為公司利益挺身而出」，並不是部門的背叛者，這點一定要在舞弊認知教育訓練中反覆強調，讓員工知道公司是非常鼓勵舉報的，甚至可以在案件查核屬實後，給予適當的獎勵。

2. 讓舉報者感到安全

揭弊力道十足的前立委黃國昌，在喜劇脫口秀《博恩夜夜秀》接受訪

問時，曾經分享民眾之所以願意告訴他這麼多弊案的消息，是因為兩個重要的前提，其中一個就是民眾相信他會保護舉報者。

舉報管道本身，必須得提供足夠的安全性。前面提到的員工餐廳入口實體信箱，之所以沒有收到舉報，並非因為公司像個大家庭，而是信箱位在人來人往的地方，沒有舉報者會覺得安全。

另外，由於匿名機制可以讓舉報者感到放心，但匿名機制可能遭到濫用，因此對於要不要接受匿名舉報，不少公司是意見分歧的。反對者認為要求具名舉報才能夠避免黑函滿天飛，避免舉報管道變成鬥爭的工具，贊成者則認為匿名舉報才能保護舉報者，並最大化接收弊案訊息的可能性。

我本身是贊成提供匿名舉報的。不那麼擔心黑函與鬥爭的原因，是因為前面提過的有效率調查架構中，第一重點就是「案件務必排序」。通常黑函與鬥爭都拿不出什麼明確證據，多是情緒性字眼，因此調查順序自然就放在後面，不應該影響到重要案件的調查。

除了舉報管道本身，處理過程中的保密措施也是重點。很多公司在宣導舉報機制時，都會強調絕對保密，但是實際處理案件上又漏洞百出。最常見的像是調查團隊未受過基本的訓練，為了讓同事知道自己被交辦重要任務，或是保有消息靈通的形象，因而到處談論弊案內容；或是沒有為案件與重要人物建立代號，就在辦公室內公開討論舉報的案情，在電子郵件傳遞過程、與高階主管簡報弊案處理進度時，被有心人士發現舉報者的資訊；或是舉報資料與文件的儲存空間沒有做好權限控管，與案件無關的人都可以任意存取。

3. 確實秉公處理

前立委黃國昌分享的第二個前提,就是會秉公處理案件。

不少公司的調查團隊位階不足,或是人治色彩過濃,導致執法的刀遇到高階長官就轉彎、遇到皇親國戚就高高舉起輕輕放下、遇到紅人就突然變得不鋒利。舉報者與其他員工都睜大眼在關注弊案的發展,一旦發現公司根本沒有秉公處理,久而久之也不會有人想要舉報了。

怎麼樣可以讓員工知道公司絕對秉公處理,但又不洩漏案件細節呢?可以參考中國幾個網路巨頭的做法。只要調查完嚴重違紀的案件,隨即發通告給全體員工,說明哪位員工如何違反公司道德準則,以及後續處理方式。2020 年 4 月 21 日,百度職業道德委員會就發出通告,說明集團副總裁韋方涉嫌貪腐,並已移送公安機關處理。

4. 完善的管理機制

建置舉報機制並不難,但是管理上並不容易。許多公司從接到舉報立案、案件排序、實際調查、法律訴訟、懲處獎勵、改善追蹤、資料保存等步驟,都沒有標準作業程序,也沒有夠高的層級與適合的主管(如獨董)來追蹤舉報案件處理的狀況,久而久之自然就淪為形式。

而一般人會擔心的吃案,在完善的標準作業程序下,公司收到舉報立案後,舉報人會得到一個案號,除了可以用來當做後續溝通的依據外,還可以避免被吃案。另外,多數舉報者比大家想得還要謹慎,如果採用電子郵件舉報,絕對不會只寄給一位,老闆與各個相關的高階主管全都會收到,想吃案幾乎不可能。

　　另外有一個案件處理上容易忽略的細節，就是所謂的「迴避」機制。如果被舉報人與調查團隊的成員為父子關係，這個案件很難會有水落石出的一天，畢竟大義滅親是少數中的極少數。因此，必須明訂被舉報者或舉報人，若與調查團隊為親屬關係，或是有足以影響案件處理的利害關係時，必須主動迴避的原則。

5. 對舉報者來說方便易用

　　對於跨國企業來說，不同地區的員工或外部利害關係人所用的語言，以及身處的時區都不盡相同，因此除了母國的員工以外，其他海外的員工也應該有同樣服務水準的舉報機制。不過，若要自行建置一個全球員工都能使用的舉報機制，可能耗資不菲，這時可以考慮向外租用專業的第三方舉報平台。

揭弊不能沾沾醬油就走人

　　看完異常行為與交易的分析，以及舉報機制所要考慮的重點，一定能了解揭弊一點也不容易。而且，這些舞弊犯都是在該領域打滾多年的老手，流程中哪裡有什麼樣的漏洞早已一清二楚，手法讓人難以想像，而且還努力挖空心思遮掩，絕對是職業等級。身為揭弊者，我們如果沒有持續成長，永遠都只能是業餘的，沾沾醬油就走，很難「亂拳打死老師父」。

　　因此，我們必須與各單位主管合作，讓他們了解「人的異常行為」包含哪些、如何觀察部屬的異常行為，以及如何回應這些異常行為。另外，在企業營運的專業領域中，我們必須不停精進，透過詳細觀察、不斷發問

甚至刻意進修，方能識破哪些是舞弊犯為了掩蓋真相而丟出的誘餌、哪些是真正的「異常」交易。最後，我們必須建置「易用、安全、管理完善」的舉報機制，讓舉報者放心提供源源不絕的寶貴線索，這樣才有機會突破層層迷霧，一窺舞弊犯努力隱藏的真實犯罪手法。以上幾個重點都做到了，我們才有把握打贏這場不公平的戰爭。

既然查弊與揭弊都這麼不容易，實作執行上要注意的細節又多，時程壓力又大，那麼如果一開始就不讓舞弊發生，是不是就不用這麼累了？

LESSON **12**

企業文化對防弊的重要性

如果公司高層道德敗壞，那麼部屬就會有樣學樣，不良行為會因此在組織中蔓延。

——羅伯特・諾伊斯（Robert Noyce），英特爾共同創辦人

當初認識這位 Vivian 的時候，網路精品賣家 S 非常開心，因為她實在是難得的大戶，半年內就買了 6 個愛馬仕的柏金包，每個售價約 170 萬至 200 萬元左右，還有同品牌的幾支鑽錶，加起來總金額應該超過 2,000 萬了。最棒的是，她和其他有錢貴婦不一樣，為人非常豪爽，只要是香港名媛甘比拎過的包，她一定會買，而且從來不殺價。

但是，不知道為什麼，S 心中還是覺得有點奇怪，可能是 Vivian 行為真的和其他客戶差太多了吧。第一，這麼高單價的商品，她從不面交檢查是否有瑕疵，而是交代 S 拿給她下榻的東方文華酒店櫃台；第二，如果財力真的這麼雄厚，又這麼喜歡愛馬仕，那只要頻繁去愛馬仕專櫃消費，和店員混熟成為 VIP，加入「候包清單」後，自然就能用定價買到限量款的包包。像是一款在歐洲專櫃原價新台幣 60 萬元的康康包，在網路賣場最後被炒到 230 萬元呢！

Vivian 的家人也發現一些異狀。像是長期在外工作的丈夫，每次回到

家看到滿屋子的包包，也覺得十分奇怪，為什麼月薪 4 萬多的她，可以買得起這麼多名牌包，質問到最後總是大吵一架，不了了之。同住的大姑倒是很開心，猜想她應該是中樂透了，因為千萬房貸在她的幫助下馬上就還清了。

不過，他們都沒有細究這些異狀。對網路賣家來說，畢竟能賺錢就好，不必想這麼多；對於丈夫來說，即使妻子行徑怪異，但反正財務獨立，錢各管各的，加上後來也很少再看到這些包（因為被拿到姊妹的住處藏起來），她開心就好；對於大姑來說，弟媳的大方援助，更是求之不得。

直到 2016 年 1 月，對於自行車集團 Accell 台灣分公司亞馳國際的負責人來說，廠商反應遲遲未收到貨款，就不是能夠眼不見為淨的異狀了，特別是看到身兼財務、會計、人事和總務的 Vivian，趕緊寫信向總部調頭寸的時候。他印象中公司的財務狀況並沒有問題，應該不至於落到付不出貨款，還得向總公司借錢的地步。找 Vivian 過來了解狀況之後，她才坦承只要客戶付款進來，她就會從公司帳戶轉匯約一成左右到個人帳戶，荷蘭總公司未曾派過稽核來檢查，總公司對帳也是由她擔任窗口，自然不會被發現。

直到後來侵占金額越來越大。短短四年，她就轉走了 2.3 億，當中一半以上的錢都拿去買了 800 多個名牌精品，變賣後只剩不到 5,000 萬。對於亞馳國際來說，如何追回剩下的 1 億多元，才真的是個大煩惱。

同時期，發生第一銀行自動櫃員機遭國際駭客集團鎖定，自動吐鈔8,300 萬的大案。相較之下，Vivian 僅憑一人之力，就得手 2.3 億，經四年後才被發現，而歐洲犯罪集團除了電腦駭客，還出動了 19 位車手領款，

結果一個星期左右，就被追回 6,000 多萬。看起來，Vivian 一定是機智過人又規畫縝密，用了比犯罪集團更複雜、更高級的手法吧？

其實並沒有，不過就是那最老套、最不能犯、堪稱內控唯一死刑的「管錢又管帳」。Vivian 身兼財務與會計，可以在網路銀行內把一成貨款從公司帳戶輕鬆轉匯到自己名下，也可以「忘記」在會計帳上註明錢少了一成，這樣會計帳務上的金額，和總公司的紀錄就是一致的，是「正確的」，但不是「真實的」。[14]

別低估誠實正直的企業文化

要預防舞弊發生，其中一個重要因素，就是舞弊風險管理架構要素一的「舞弊風險治理」（請參照第 107 頁），而這個要素有很大一部分，是根植於誠實正直的「企業文化」。我知道，不少人根本不吃這套，覺得企業文化這個東西很虛，不如真槍實彈的去偵測或抓出舞弊。

如果你也這麼想，那請聽個故事後，再去抓舞弊也不遲。

多年前，南部某個醫療器具製造商幹得有聲有色，於是動了上市櫃的念頭。我身為輔導團隊一員，因為必須了解重要的企業流程，所以和各部門主要成員逐漸熟稔，閒聊之餘也解答了一個一直存在心中但不敢明問的疑惑：為什麼某位掌握採購大權的大嗓門阿姨（以下簡稱吵姨），不僅專業

14.〈神鬼女會計盜 2.3 億狂買 800 件精品，判囚 4 年 8 月，賠 1.7 億〉，《蘋果日報》，
　　2019 年 1 月 20 日。

不足，回扣收很大的傳聞早已鬧得沸沸揚揚（據說蓋新廠時建商還送了她幾棟房子酬謝），老闆娘怎麼還這麼挺她呢？曾經有人向老闆娘告狀，老闆娘卻說：「這個吵姨最正直忠心，是不可能拿錢的。」（接著驕傲的打開抽屜拿出一疊鈔票）……「因為供應商的賄款，她都交給我了。」

除了會上繳賄款（但不會笨到拿出房子）以外，吵姨會這麼紅，還有一個原因——老闆當初搞小三、對象還是公司同事時，全世界都知道，就只有老闆娘不知道，直到吵姨偷偷告訴她，她才沒被蒙在鼓裡。也難怪這對主僕之間有如此堅定的忠誠與信任，畢竟是革命情感。在這種氛圍下，有再先進的舞弊偵測演算法、或是再努力查弊的員工，調查結果送上去，你覺得會是吵姨走，還是你先被弄走呢？

而且到現在，這家公司仍然還沒上市櫃。

反觀台積電，根據報導，創辦人張忠謀夫人張淑芬有次將幾本台積電筆記本放在家中，張忠謀見到後不是問她要送給誰，而是問：「妳拿這幾本有沒有付錢（給台積電）呀？」，然後說明他為什麼要求必須付錢的原因。此外，張忠謀為了避嫌，從來不邀請兩位接班人劉德音與魏哲家到家裡吃飯，當然也沒去過他們家聚餐。[15] 為了打造誠正的團隊，創辦人的生活往往得這麼樸實無華，且枯燥。

老闆對企業文化的影響，絕對有舉足輕重的地位，而企業文化對於防弊來說，也絕對是最重要因素。如果老闆已經行得正、坐得直，培養出了高道德的企業文化，但仍有極少數不肖員工舞弊，造成公司損失怎麼辦？又或是舞弊風險評估所挑選出來的舞弊情境，在現階段沒有足夠資源解決，或是根本沒有辦法解決，怎麼辦？

員工誠實保證保險

有些企業的做法是把「因舞弊而產生損失」的風險轉嫁給願意承接的人，比方說，保險公司。根據保險事業發展中心的統計顯示，2013 年平均一張「員工誠實保證保險」的保單金額為 7 萬 3 千元左右，對企業的負擔不會太大。

「員工誠實保證保險」的目的在於，一旦員工發生舞弊事件，保險公司即會賠付大部分的損失。在員工每天都得試圖抵抗金錢誘惑的金融業、四周環繞高單價電子產品的 3C 賣場、或是店員流動率很高的便利商店等，都有不少保險與賠付的案例。

不過要注意的是所謂「不保事項」，只要符合其中一條，保險公司有權利不賠付。比較常見的「不保事項」包括：當得知舞弊發生後，公司卻視若無睹，任由其繼續擴大（擺明就是吃保險公司豆腐），或是高階主管與員工共謀的舞弊等，投保前務必詳細閱讀保單條款，才不會到時求償無門。

職能分工，發揮牽制效果

講完舞弊風險管理框架提過的兩個要素，讓我們談談職能分工（Segregation of Duties, SoD）。職能分工不管中文還是英文，聽起來都好像很複雜，不過核心概念就簡單一句話：「一個人不能整個包軌」，也就是

15.〈你不知道的張忠謀…赴湯蹈火也要維護「誠信」，妻子拿台積電贈品也得付錢〉，《商業周刊》，2018 年 6 月 1 日。

一件事或一筆交易弄得越支離破碎、需要越多人才能完成，就越符合職能分工的精神。要多支離破碎才行呢？理論上，同一個人不應該包辦兩種以上的職能類型，因為一個人若可以球員兼裁判、可以分飾多角，那麼整個交易過程就缺少了他人的監督與牽制，自然容易產生弊端。

那麼職能類型有哪幾種？此處以「付款給供應商」這個交易為例，說明四大「職能」類型。

1. 授權

付款給供應商前，除了附上付款相關的憑證（訂單、收貨單、發票等），多半還須經過主管的覆核與核准，這個「覆核與核准」的權力，就是第一種類型的職能——授權（authorization）。

2. 保管

核准之後，需要出納人員實際上進行付款，比方說，透過網銀從公司銀行帳戶匯貨款給供應商，這種「改變」物品狀態的能力（例如：把錢變成別人的），為第二種類型的職能——保管（custody）。

3. 記錄

錢匯出去以後，實際上公司的銀行存款變少了，會計部門需要記錄在某年某月哪個銀行帳戶少了多少錢，沖銷了哪個廠商的應付帳款等等，這種「註記」物品狀態改變的能力，則是第三種類型的職能——記錄（record keeping）。

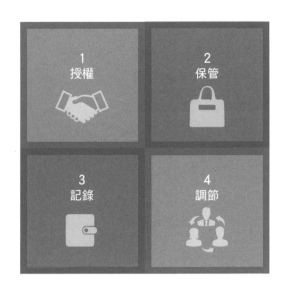

圖：四大類職能

4. 調節

最後，為了確保銀行內的實際存款和會計帳上金額是一致的，每月必須比對銀行寄來的對帳單，確認是否與會計帳上的金額一致，這種比對不同紀錄間一致性的工作，即是最後一種類型的職能——調節（reconciliation）。

而「管錢又管帳」這個內控大忌，其實至少就把「保管」和「記錄」這兩個權責放到同一個人身上了，這個人可以轉走錢，又能不記錄在帳上，這絕對是最佳舞弊機會。回到亞馳這個案例，因為德籍主管十分相信Vivian，除了「保管」與「記錄」，大概連「授權」和「調節」也都一併交

給她了。許多外商在台子公司，都有職能分工的問題，因為台灣市場小，人員配置精簡，一不小心就一人分飾多角了。

不僅實際業務上的職能，在資訊系統內提供的權限也同樣必須維持職能分工。總不能在業務分配上，確實做到管錢不能管帳，結果出納卻有財會系統建立傳票的權限，如此一來，做半套等於沒做，下場十分尷尬。

曾有一家非常賺錢的傳產，除了業務上的職能分工，還想要確保 SAP ERP 內所有帳號的權限都符合職能分工的原則，因此導入了一套要價不菲的先進軟體，可以在建立帳號或是給予權限時，自動偵測是否有衝突的權限，頗具野心。然而，在導入期間，他們檢視了所有現存帳號與權限時，發現若要達到完美的「零職能衝突」境界，可能得再加聘一倍的員工才行。實際上當然不可能再加人，但不解決這個問題，職能衝突偵測軟體又會一直告警。

這時，人類又再次發揮驚人的創造力。他們給每個員工兩個 SAP 帳號（是不是真的很賺錢），每個帳號看起來絕無職能衝突，但從員工角度來看每個人幾乎都違反職能分工原則，根本是掩耳盜鈴。

即使流程與系統上都做到職能分工，也不代表就可以高枕無憂。在日本犯罪電影《蒼白之月》中，精準詮釋了即使在流程上已設計良好的職能分工，但實際操作上還是有遭到破解的可能性。宮澤理惠收了客戶的定存單和準備存入銀行的現金，先是回到行內繳回現金，向另一位同事取得定存憑證，準備提供給客戶當做證明，這個流程的設計完全符合職能分工的精神。但是，她馬上又改口客戶因為有急用必須臨時取消定存，她拿回現金後，主動又幫另一位同事作廢定存憑單，但偷偷把憑單藏在衣服裡，根

本沒作廢。因此，她拿了這個定存憑單給客戶，讓客戶以為錢存進去了，但錢實際上根本沒收繳回銀行，而是進了自己的口袋。

有很多年邁的主管，因為不熟悉電腦操作，常常把資訊系統的帳號和密碼都給了部屬，要他們幫忙處裡「原本應該由主管自己核准」的交易。以上這些都是表面上設計了完善的職能分工、卻根本未落實的例子。

員工篩選

如果每家公司都能夠配給一個如朝鮮天才觀相家「來景」般的人物，在面試時好好一觀，看看應徵者未來會背叛公司進行舞弊，或是永保誠實正直，那該有多好？可惜，來景只是韓國癸酉靖難的小小插曲。

雖然不能預知未來，但我們可以檢討過去。應徵者通常會提供幾個推薦人，而這些推薦人有很高的機率只會說好話，所以不少人資都略過和推薦人徵詢意見的機會。其實，只要有心和推薦人聊久一點，不要只問制式的問題，多少都可以探出一些蛛絲馬跡。

某家傳產徵稽核主管，一名應徵者自述曾在台積電等知名上市櫃公司當過稽核主管，面試過程中相談甚歡，人資也未確實與推薦人或前公司徵詢。該應徵者上任半年後，毫無建樹，公司起疑方才補做徵詢，發現他的經歷皆造假，可惜為時已晚。

除了推薦人，還有公司對於特定職務要求提供俗稱良民證的「警察刑事紀錄證明書」，確保能招募到品性優良的員工。

曾任職於麟瑞科技的蔡姓人資，利用計算薪資時虛報自己薪資等手法，共詐取近 2,000 萬後遭逮。爾後，為了能順利應徵上中保寶貝城繼續

擔任人資，蔡女做了三件事：一是改名，二是用 5,000 元買一張偽造學歷證書，三是偽造友訊公司的離職證明。結果，她真的應徵上了，繼續重操舊業，虛報薪資詐領 200 萬後一樣遭逮。當初中保只要打一通電話給友訊，或是請她提供良民證，就可以發現她根本沒有待過友訊，或是之前的犯罪前科，這樣 200 萬就能省下來了，為何不做呢？（一通價值達 200 萬的電話）

要注意的是，不是每個國家都可以在給聘書之前，就先做犯罪背景調查（background check），至少在人權進步的美國，必須先給聘書後，才可以進行。萬一發現應徵者有犯罪前科，也必須說明這個前科如何嚴重影響這個職務後，方能收回聘書。

採取職務輪調或強制休假，有嚇阻作用

2017 年 8 月，瑞芳郵局張姓金牌業務員侵占保費案爆發，前中華郵政代理董事長王國材在面對立委質詢時曾說過：「現在郵局很多人都是同一個職務一做 20、30 年，彼此太熟悉也很信任，但反而易發生疏忽的問題，未來會朝落實輪調制度改善。」[16]

採用輪調制度確實可以有效預防舞弊，不過有三件事情要注意：（一）不是任何職務都可以互相輪調的，比方說，人資轉研發、總務轉業務，對員工來說是極度跨領域，挑戰過大。在同一領域輪調，會是比較可行的方法，如採購從原本負責的金屬件轉到委外加工，會計從應收轉到應付等，都是常見的做法。（二）如果沒有完善的標準作業程序或是交接，那麼對公司和員工來說，過渡期絕對是個大災難。（三）輪調後資訊系統內的權

限務必隨之調整，否則輪調越多次，老員工最後集滿 ERP 權限，就可以用來兌換好幾次舞弊機會了。

如果真的無法職務輪調，那麼可以參考外商金融業常用的「強制休假制度」（compliance leave），強迫員工連休一個星期以上的長假，讓代理人有機會發現平常遭掩蓋的舞弊行為，進而產生嚇阻作用。

設計舞弊認知教育訓練

「不要假設員工都知道」，是在設計舞弊認知教育訓練時，非常重要的一個假設。

修過審計學的人都知道，「管錢又管帳」是內控大忌，是基本常識才對，結果一堆外商在台子公司，幾乎都犯了這個絕不應該犯的錯。很多新人剛進入公司，還是白紙一張，看事情還能保有客觀的角度，正直與道德尚存。在逐漸染黑的過程中，如果沒有人告訴他們：你們心中的疑惑是對的、那些你們看不慣的行為確實違反公司的道德準則，那麼他們有可能一起沉淪，把這一切不堪視為理所當然，然後繼續影響新的員工，或是選擇離開這個奇怪的公司。

因此，在每次的舞弊認知教育訓練中一定要告知員工：公司的道德準則是什麼、什麼樣的行為是舞弊、公司怎麼處理舞弊、發現舞弊該如何舉報、舉報的方式等等，讓良知尚存的新人知道他們並不孤單，讓所有員工

16.〈杜絕郵局舞弊，王國材：落實輪調制度〉，《中央社》，2018 年 3 月 26 日。

都沒有藉口再說「公司沒說不能拿供應商禮物卡」，讓舞弊犯知道公司正在監控，而且只要發現絕不寬貸，就達成教育訓練的目的了。

為了讓這個嚴肅的議題收到好的成效，有時必須發揮一點創意，讓員工願意聽下去。有獎徵答是一個不錯的選項，講述公司實際處理的舞弊案例也很好，能夠邀請曾經舞弊的員工來分享後悔的心得更棒。大陸電商京東更有創意，2019年安排一些員工參訪北京市第一看守所，實際感受觸法之後如何在押、如何與外界隔絕。一位參訪的主管就說：「自由是最大的財富。」

我想，這比在台上講得口沫橫飛，更有威嚇力。

簽君子協定

另外，像是讓員工簽署廉潔承諾書、保密條款等，也是預防舞弊滿常見的方法。也許很多人認為，簽這種「君子協定」，是無法對付奸詐小人的。我們來看個實際的例子。

鴻海集團某子公司翁姓協理，負責於大陸地區開發新產品與測試。趙姓供應商為了能提早收到打樣的規格參數（好打敗競爭對手）、為了有鴻海工程師親自到場協助解決技術問題（原本技術能力不足）、為了讓鴻海原本驗收不合格的測試結果變為合格（才可以驗收拿錢）、為了讓高於市價的產品還能賣進鴻海（不然賄款從哪來）等，總共支付翁「好處費」約新台幣1.2億元。此案經深圳市中級人民法院審理後，於2015年依「非國家工作人員受賄罪」判刑8年。

鴻海集團員工皆須簽訂《誠信廉潔暨智慧財產權約定書》，內容包含

承諾不與鴻海交易對象有不正當利益來往，違反者需返還近三年所領取的報酬。因此，鴻海在台灣再次告上法院，要求翁歸還台幣 1,000 萬元（最後 3 年翁所領取實際報酬約台幣 1,443 萬元）。2019 年 6 月一審判決，翁男需賠付 1,000 萬元，年息 5%。

沒發生舞弊行為之前，「廉潔承諾書」可以是君子協定，不過一旦出事，是可以拿到法院對付小人的！

舞弊預防的兩難

奧斯卡最佳影片《幸福綠皮書》（*Green Book*）中，美籍義裔保鑣 Tony 某晚知道夜總會來了位高權重的客人，把帽子寄放在衣物間；這頂帽子是他母親留下的，非常重要。於是，Tony 賄賂了管理衣物間的同事，取走這頂帽子「暫時」保管。等這位客人離開前到衣物間發現帽子居然不見，火冒三丈撂下狠話——「若沒找到帽子，就要燒掉夜總會！」後離去。當晚，Tony 帶著帽子跑去找這位重要客人，宣稱他找到了帽子，客人很高興，賞了他一些錢，並且對他說：「我們以後是朋友。」

預防是一件很神奇的事情，一旦「問題」因為它的存在而不再出現，它的價值也很難被看見。如果今天衣物間同事堅持不給帽子，Tony 根本不可能得到賞錢，也不可能與位高權重的客人成為朋友。如果亞馳國際「帳錢分離」，2.3 億完好如初留在公司，沒有人會覺得「管錢不管帳」是什麼應該遵守的內控天條。古代名醫扁鵲的長兄，在人發病前就治好了，所以沒什麼名氣，而他高超的外科手術技巧，反而聲名大噪。

能發現問題，很好；能發現而且解決問題，更好；能讓問題根本不存

在，最好，但非常非常之難。倒不是不可能「讓問題不發生」，而是「沒了問題，績效在哪」這個矛盾讓人躊躇不前。超級英雄的故事之所以讓人振奮，是因為解決了一個又一個壞人造成的危機。如果漫威系列電影中，劇情著重各個超級英雄在邪惡勢力出現之前，就先改善這個世界，讓邪惡勢力從一開始就不誤入歧途，世界一片「歌舞昇平」，根本沒有壞人把城市破壞殆盡、人類眼看就要滅絕之際超級英雄現身扭轉乾坤的情節，這樣你還會想看嗎？

舞弊防治的最高境界，是能讓舞弊防治團隊英雄無用武之地，而非到處破案；而最英明的老闆，是能洞察舞弊防治團隊要達成這個境界，有多麼不容易、是多麼需要「以後可能被忽略」的勇氣，以及為公司所帶來的價值，而不是質疑其存在的意義，或甚至兔死狗烹、鳥盡弓藏。

了解舞弊風險管理的框架，以及舞弊調查、舞弊偵測與舞弊預防的方式與技巧後，已經初步具備舞弊防治的專業了。不過，如果要更有效防弊，勢必得借助先進的科技，方能事半功倍。因此，第三部將介紹各種不同的數據分析技術，以及重要的數位鑑識概念，讓舞弊稽核師可以在開外掛科技的輔助下，對抗日益複雜的各類型弊案。

第 **3** 部

舞弊偵防
殺手級應用

LESSON **13**

【員工竊密】
規則型分析歸納犯者共通點

將過去的傷痛，轉化為智慧。
　　——歐普拉・溫芙蕾（Oprah Winfrey），美國知名脫口秀主持人

　　在技術研發上，長期投注無數心力與資源的台灣某知名高科技公司，近期營收表現確實亮眼，成功擠入該產業的全球前五名。不過，伴隨而來的除了股價重返高點，還有競爭對手對於研發人才的覬覦。國際間的人才流動其實並不是壞事，只不過如果是「以挖角之名、行竊密之實」，那就牽涉到嚴重的刑事責任了。中國的紅色供應鏈，因為技術上與該公司有一定的差距，但仗著內需市場廣大、國家大力扶持的優勢，大舉來台祕密挖角。在高薪與發展舞台的誘惑下，有些工程師為求得到新東家青睞，確實「帶槍投靠」，私下攜出該公司辛苦研發的成果，造成極大的損失。

　　該公司設有「離職稽核」機制，會在員工提出辭呈後檢視該員工近期存取什麼資料、存取行為與資料內容是否合理。許多員工跳槽洩密案，都是透過離職稽核發現的，這算是業界常見的最佳實務。不過，在一次次的洩密案後，老闆非常生氣找到你（誰叫你是該公司的舞弊防治專家），要求

你必須想辦法在員工離職或是進行離職稽核前，就提早發現疑似竊取機密的員工，並積極進行防堵，否則就輪到你「被辭職」。

你想起電影《關鍵報告》（*Minority Report*）中，好像有三個躺在營養液裡預測行凶的先知，所以幽默的回說：「報告老闆，沒問題，只要我找得到願意整天躺水裡的三個人！」結果會議室鴉雀無聲，老闆嚴肅的看著你，空氣中飄浮著你那令人尷尬的乾笑聲。

回到辦公室後，你迅速召集手下經驗豐富的團隊一起腦力激盪。一位成員說，既然我們手邊有之前幾個竊密案的調查報告，何不從中歸納出共通點後，再找出行為模式和竊密前輩類似的員工呢？

竊密者的共通點

於是，團隊仔細閱讀調查報告後，發現了幾個共通點：

● 竊密者多半在離職前的三個月內，才會開始密集下載大量的研發文件。

● 竊密者通常比較偏好在下班時間或假日下載或複製研發文件。

● 竊密者也比較偏好在公司以外場所使用 VPN（虛擬私人網路）連回內部系統下載。

另外，有位外部夥伴的資安主管也曾分享他們的寶貴經驗。他們發現這些竊密者從取得資料到外洩過程，有一個固定的模式：

● 竊密者將機密資料下載後，通常都會先試圖用公司的電子郵件寄給外部郵箱。

● 發現公司電子郵件系統阻擋後，接著會上傳到網路硬碟。

● 發現公司防火牆不准使用網路硬碟後，再想辦法存入 USB 隨身碟。

● 發現公司電腦無法使用 USB 隨身碟後，最後就會列印出紙本攜出。

　　因為這個任務只許成功，你也聘請了經驗豐富的顧問。他們提到，更精明的竊密者，還會冒用離職同仁或新進員工的帳號存取，避免屆時被抓包；另外，非總部的員工、外部合作廠商等，通常是竊密最高風險的一群。

　　結合內部血淋淋的教訓和外部合作夥伴的經驗以後，你終於找到竊密者與一般正常員工在「行為模式」上的差異，並轉換成一組可以提早發現竊密者的「規則」，像是「大量使用 VPN 存取資料」或是「高風險人員短時間密集存取資料」等。

　　只是，天羅地網的設計圖是畫好了，實際上到底該怎麼使用才能找到正在竊密的員工？

規則＋數據分析，定位可疑洩密者

　　在該公司傳送電子郵件、瀏覽網站、存取檔案、使用電腦外接設備、使用印表機等等行為，都會留下完整的使用紀錄，因此各種「行為模式」都可以從這些紀錄中找到。於是，你的團隊利用電腦程式撰寫出前述的「規則」，分析從各種資料來源蒐集的數億筆使用紀錄，找到符合特定行為模式的員工，幫助公司精準從全球上萬名員工中定位出可疑的洩密者，在洩密給競爭對手前就先提早發現。

　　以上是輔導某客戶的真實案例，除了《關鍵報告》那個笑話以外。

　　我們的團隊與該公司研發主管們合作，設計了各種分析規則並且實際

進行分析。分析完果真發現有一名研發工程師尚未提出離職，但已經默默蒐集研發機密準備跳槽。

　　這個工程師的主管看了該員工近期存取的大量資料，居然與他現在手邊負責的專案幾乎都沒有關係，很明顯是在蒐集機密的研發資料，於是百感交集的說：「我早就懷疑這個員工怪怪的，但苦無證據，謝謝你們幫忙找出來。」

|弊|知|課|

數據分析的迷思

　　數據分析泛指所有從原始資料中辨識出趨勢或模式，用來回答所關心問題的過程。規則型分析也是一種數據分析的技巧。

　　數據分析的概念很像烹飪，食材、技巧、廚具三者的交互作用決定了菜餚的美味程度。企業所留存可供分析的各類資料，就像是烹飪的食材；數據分析時使用的技法，正如烹調技巧；用來實作數據分析的各種工具，如同各式廚具。即使數據分析極具效果，但對於資料、分析技巧、工具這三大元素，初學者常常會有以下危險的迷思：

1. 不管資料品質如何，先做再說

　　假設阿基師在美食節目中煮了一道三杯雞，看起來簡單又美味，我們想如法炮製，第一步會是什麼？絕對不會是立馬打開爐火吧。一般人應該都會先確認冰箱內是否備有雞肉，廚房是否有麻油、米酒、醬油、九層塔、冰糖、蒜頭和薑片等調味料。

　　這項原則不說自明，但不知為何套用到數據分析時，卻被許多人拋在腦後。在各大媒體瘋狂報導哪些公司又利用數據分析做了什麼豐功偉業後，許多企業第一步不是先深入了解自己的公司保存了哪些資料、資料成熟度是否能跟得上被報導的公司，而是先做再

說，最後結果當然不如預期。因此，這些企業就認為數據分析只不過又是一個虛有其表的商業名詞，而不是檢討為什麼數據分析效果不好，然後認分的開始準備「雞肉與調味料」。

2. 分析技巧越高超，結果才會越好

越多的分析技巧，似乎可以發現更多的異常，帶來更多的價值，不過能在對的時候，用上對的技巧，才是真正最重要的技能。一個用平均數就可以輕鬆找到的異常，刻意要用複雜的類神經網路來預測，耗費大量時間和資源，產生的結果既無法解釋也不精準，純粹是炫技而已。我們都知道炫技學起來很辛苦，為的只是用起來很帥，但帥不能當飯吃。

三杯雞最重要的三個技巧——煎、炒和悶，各有其用途。煎可以逼出雞皮的油，並讓表皮上一層金黃色，順便產生梅納反應；炒可以讓調味料與雞肉充分交融，悶可以讓食材更入味，熟度更佳。當你硬要學漫畫裡的小當家劉昂星，花兩小時把一堆九層塔雕刻成一隻巨龍，對於家常三杯雞來說，根本是白搭，因為龍馬上就要被拌炒了。

3. 功能越多越強大，才是好的分析工具

　　工具沒有絕對的優劣，端看你的預算、順手程度，而且只要該有的功能不缺，能夠發揮出該有的價值，就是稱職的工具。無論是平底鍋或炒鍋，甚至氣炸鍋，都可以做出美味的三杯雞，但總不能妄想用微波爐或烤箱，就期待能有一鍋鑊氣十足的三杯雞吧！

LESSON **14**

【炒貨行為】
離群值偵測異常的售價

只要你拷問數據夠久，它終究會吐實的。

——羅納德‧寇斯（Ronald Coase），諾貝爾經濟學獎得主

　　由於消費者的需求總是變幻莫測，許多電子產品在正式上市後，銷量和當初的預期差異甚大，而不管是哪一種差異都有其痛苦之處。

　　如果是比預估還要熱銷的情況，屬於「甜蜜的負擔」，得緊急採購零組件再加班生產，以期滿足市場需求，把該賺的錢趕快拿進口袋。蘋果的 iPhone 11 就是一個很好的例子，儘管剛發布的時候並不被看好，網路上負評不斷，但沒想到消費者「口嫌體正直」，上市十多天現貨在官網上就售罄，緊急向供應鏈追加訂單。

　　另一種相反的情況則是預期過於樂觀，必須趕緊對供應鏈砍單，避免積壓過多庫存。同樣是蘋果，iPhone X 於 2017 年底時銷量不佳，曾經傳出隔年第一季的出貨量下修 40%，鴻海鄭州廠因此暫停招募員工，台積電代工的 A11 處理器也被蘋果砍單。

　　除了證券分析師各顯神通試圖預測銷量以外，某些代理電子零組件

（如 CPU、記憶體、手機晶片等）的業務，也非常關心市場上未來供需的變化。因為對他們來說，電子零組件的價格變化，是一個難得的獲利機會。比如說，假設看好未來六個月內記憶體會缺貨，他們就可以和客戶勾結，甚至私自設立公司來大買囤貨，等到真的缺貨時就可以大賺一筆。由於和炒股票行為類似，因此又有「炒貨」之稱。

這種行為在業內行之有年，但近期狀況已經嚴重到影響公司營運。曾有業務賭錯方向，該缺貨的零件反而因為市場需求萎縮而供過於求，因而付不出當初向公司買貨應支付的款項。業務預測正確，也不是好事，因為真正有需求的客戶反而買不到貨，客戶抱怨連連，公司又賺不到錢。

如何知道售價超過多少才是異常？

某電子零件通路的知名廠商找上我們團隊，希望可以透過數據分析的方式，提早發現這樣的炒貨行為。經過與公司的業務、風險管理與資訊團隊討論後，決定利用規則型分析，專注在找出特別「異常」的銷售價格，也就是同樣的電子零組件對特定客戶賣得特別貴或特別便宜的情形。

問題來了，怎樣叫做「特別貴」或「特別便宜」？

比定價高或低 40% 如何？有些專案成員會說為什麼不是 60% 甚至 100%，而且不同類型的電子零組件特性不同，不同客戶的折扣幅度、產品隨時間跌價的速度多不相同，只用同一個百分比（如 40%）是無法精準找出異常的。

那最高或最低價的前三筆呢？同樣的，有些專案成員會問為什麼不是前五筆或前十筆，而且有些電子零件幾乎是不二價，如果每筆交易價格都

差不多，最高或最低價的前三筆紀錄其實一點都不異常。

　　這時，我們團隊的統計專家推了推眼鏡，介紹了怎麼用各種統計值（分位數、四分位距、偏態係數等）來找出離群值，超過這個離群值就是異常。看到大家聽完後都滿臉黑人問號，我趕緊用白話文補充了：簡單來說，這個統計方法透過歷史銷售價格，可以幫我們找出每個零組件售價超過多少金額就是真的非常「與眾不同」，而且完全不會有前面提到「固定百分比」或「固定筆數」所遇到的問題。

　　利用離群值實際分析近一年的資料後，確實找到售價極為異常的電子零組件與客戶，某些產品賣給不同客戶的價差甚至超過 100 倍！客戶對於這個成果十分滿意，希望再進行新的專案，把離群值偵測方法直接寫入 ERP 中，業務助理輸入銷售訂單時，及時計算這個價格是否異常，若是則簽核流程就會自動納入相關主管進行詳細審查。

| 弊 | 知 | 課 |

用二維矩陣清查可疑經銷商

　　如果不擅長統計分析，資料視覺化有時也能達到一樣的效果。

　　某知名民生消費品廠商因為家族內鬥，大房勢力與他房在鬥爭過程中（大房似乎和大家都處不好？），想找出他房舞弊營私的事實，藉此除掉他房在董事會的勢力。據聞他房在海外私設經銷商，且刻意把商品以不合理的極低價甚至賠本賣給該經銷商，中飽私囊，因此委託我們團隊來查出明確的證據。

　　由於此客戶的產品，在全球有華人的地方一定都買得到，因此經銷商遍布全球，數量並不少，加上必須分析多個年度的銷售紀錄，只靠肉眼檢視一筆筆紀錄、完全不使用數據分析是無法快速找出售價異常的私設供應商的。於是，我們針對每個經銷商計算了兩個數字：一是總銷售金額，二是總折扣程度。接著，利用一個二維矩陣，把所有經銷商依照銷售金額與折扣程度，依序放入這個矩陣中。在矩陣的四個象限之中，落於總銷售金額低、卻給予極高折扣的經銷商並不多，全面清查這些可疑經銷商後，果然發現部分經銷商確實由他房所設立。

　　不過，令人尷尬的是，這些可疑經銷商中，也有一些是大房自己的人馬……。如何能夠不得罪客戶，又維持我們團隊的職業道德呢？我們的折衷做法是，在提交給大房的調查報告中，還是詳列所

有可疑的經銷商，並說明哪些經銷商可能為他房所掌控，剩下未註明的（多屬大房）再請客戶自行調查。

　　大房拿到報告很滿意，檢調後來確實也因為此案上門搜索他房，不過竟然陰錯陽差在大房人馬的資料櫃中發現了這份報告，才知道原來大房也在搞鬼，所以最後不管幾房全都被移送了。

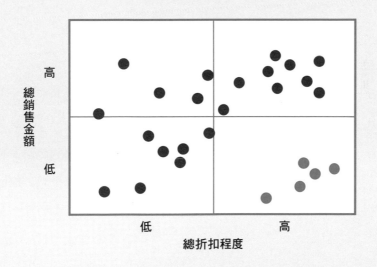

高

總銷售金額

低

低　　　　　　　　高

總折扣程度

圖：清查可疑經銷商的二維矩陣

LESSON 15

【造假紀錄】
班佛定律是假帳殺手

統計學就像比基尼。展露在外的部分雖然已經很挑逗，但其實遮蓋住的才是重點。

—— 亞倫・列文斯坦（Aaron Levenstein），美國經濟學家

　　凱文・勞倫斯（Kevin Lawrence）買下一家保齡球館，改裝成健身房，使用最新穎的健身器材，還請了按摩師與營養師在現場服務。不過，他的創業夢想不僅止於此，他告訴投資人一個嶄新的商業模式——結合健身與醫療保健。他對未來的想法是，客戶來健身房鍛鍊身體的同時，也能取得醫療保健的服務，日後還會開發軟體分析健身會員的體能。除此之外，他在行銷上也會利用 Znetix 這個品牌贊助運動明星，讓品牌在各大賽事中吸引眾人目光。更重要的是，Znetix 準備在那斯達克（NASDAQ）上市，這種創新的服務加上名人加持，屆時股價勢必一鳴驚人。因此，全美總共有超過 5,000 名投資人，拿出約 1 億美元投資凱文的健身公司。

　　然而，凱文最後是把大部分的錢都拿來供個人享樂，根本沒有妥善經營公司。他買了一棟在夏威夷的房子、20 艘船、47 輛豪華名車、勞力士

手表、7.08 克拉的鑽石戒指與 21 克拉的鑽石項鍊（給女友），以及一把價值 20 萬美元的武士刀等。

已知的手法是凱文和同夥在數百個銀行帳戶及空殼公司之間挪移投資者的錢，營造出業績成長的假象，但實際上他們幾乎都花在奢侈品上。若你是金融管理局的調查專員，手邊有 Znetix 公司超過 7 萬筆的支票與匯款紀錄，你該怎麼發現哪些帳務是造假的，進而起訴凱文呢？

為了不放過凱文，一筆筆仔細檢查？每筆資料除了檢視，還得從各種來源取得可佐證交易真實性的原始文件，確認是造假才能定罪，十分耗時。因此，若真的一筆筆看完，也許凱文還沒被定罪就已經老死了。

隨機抽查呢？一旦手氣很差，都沒抽到造假的紀錄，不就無法起訴凱文了？

這時，有假帳殺手之稱的「班佛定律」（Benford's Law，又稱「首位數字法則」）就派上用場了。

讓假帳現形的奇葩定律

班佛定律想表達的是，如果是完全自然發生、沒有任何人為捏造的情形下，觀察值首位數字是 1 的出現機率最高，約占全體的 3 成左右，再來是首位數字 2 的 17.6%，其餘依序遞減。

截至 2020 年 5 月，台灣共有 368 個鄉鎮市區。每個鄉鎮市區都有一個人口數，比方說，台北市信義區就有 21 萬多位居民設籍，南投市則有 9 萬多人設籍。這 368 個鄉鎮市人口數字，若按照班佛定律，人口首位數字為 1（1,000 多人到 10 萬多人都算）的鄉鎮市區應該約莫有 110 個。

　　而實際上，根據內政部 2020 年 5 月資料，首位數字為 1 的鄉鎮市區實際上有 106 個，十分接近。

　　這種奇葩定律是怎麼被發現的？天文學家西蒙・紐康（Simon Newcomb）偶然發現書本所附的對數表，數字較小的前幾頁，居然比後面幾頁破損不少，幾乎都快被翻爛了。於是在他潛心研究後，終於發表了班佛定律的數學公式。至於這個公式為什麼不叫「紐康定律」？因為在奇異電器工作的物理學家法蘭克・班佛（Frank Benford），廣泛的在兩萬多種數據中，測試這個定理是否適用，讓它發揚光大。

　　回到 Znetix 投資詐騙案。鑑識會計專家正是利用了班佛定律，分析 7 萬多筆紀錄的首位數字、第二位數、甚至是首兩位數的分布，將需要深入調查的紀錄限縮在那些不符合班佛定律的紀錄上（例如首兩位數字為 87 的數量遠高於應有的比例），最後成功將凱文判了 20 年監禁的重罪。

　　除非那些舞弊犯學過班佛定律，在假造紀錄時，還先試算這筆紀錄會不會讓整體首位數字分布變得異常，不然只要有過多人工造假的紀錄，一定會露出馬腳，遭假帳殺手發現。

班佛定律的應用限制

　　雖然班佛定律看起來威力十足，但實際上應用的限制並不少。

　　一是資料量過少效果並不好，建議至少 1,000 筆以上再使用，3,000 筆以上效果更佳。二是一定要確認這些數字沒有受到「人工限制」。

　　舉例來說，如果你用班佛定律分析 2014 年台北市長選舉柯 P 所公布的競選經費明細，你會發現它居然不符合班佛定律！先別見獵心喜或是急著辯護，仔細梳理資料後你會發現，「17」開頭與「50」開頭的交易特別多，多到讓這些資料不符合班佛定律。回頭再檢查競選經費明細，原來 17 開頭多是 ATM 轉帳的手續費 17 元，50 開頭則多是表演團體的車馬費公定價 5,000 元啦。

　　還記得我第一次利用班佛定律來分析合作客戶的帳務紀錄，發現「2」開頭的交易非常多，心想莫非有什麼弊案藏在後面？實際檢視這些交易才發現，原來非常多業務人員報支的計程車資都是 200 多元。詢問客戶的會計，為什麼這些業務都報 200 多元，是不是有什麼內幕？會計大笑說：「因為從公司搭計程車到高鐵站，大概都是 200 多元呀！」

【惡意倒帳】
分類演算法是篩選海量電郵的神助手

能夠預測未來並不是魔術，那叫做人工智慧。
——戴夫・華特斯（Dave Waters），佩特羅（Paetoro）顧問公司創辦人

　　每當調查任務分配下來，負責肉眼過濾一封封電子郵件並點開附件，以免遺漏和案情相關文字或檔案的團隊成員，絕對是哭喪著臉（配上內心瘋狂咒罵），心不甘情不願的開始數位鑑識界的藍領工作，因為這個任務最耗費資源與時間，而且一點都不刺激，很難從中得到什麼成就感。

　　即使初步先用主旨和內文是否包含特定關鍵字篩選，但仍然有非常多電子郵件得一一人工檢查。即使已經傳授如何提高人工檢查效率的訣竅，像是信件主旨包含「【」這個符號，通常都是廣告信件，可以略過不看等，但信件還是多到看不完，而且適用於 A 案件的規則，對 B 案件來說可能根本沒用。

　　郵件看得慢沒關係，久了就上手，麻煩的是有些成員眼高手低，認為自己加入「舞弊調查團隊」應該要像 CSI，幹一些驚天動地的大案，使用

超級先進的科技，所以對於這種苦工就隨便敷衍了事。這種成員的特色就是看信速度快得不合理，我身為郵件二次複核負責人，特別喜歡檢驗這種成員的看信成果，而且常常看到明明是重要郵件，卻被判定成與案件無關的荒謬情形。

加標籤訓練電腦做電郵分類

　　因為上述各種原因，我們開始利用機器學習的分類演算法，讓電腦自動做完這些枯燥又低生產力的工作。首先由經驗豐富的調查人員初步人工檢查一些電子郵件，並標上各種註記，像是「與案件不相關」、「與案件間接相關」、「與案件直接相關」、「需要專家判斷」等不同類別，接著讓電腦軟體自己發掘為什麼有些信相關、有些不相關。電腦軟體學會判斷邏輯之後，自然就能把剩下幾十萬甚至幾百萬封信自動做好分類。接下來調查人員要做的，就是依照調查資源的多寡，決定如何複檢電腦各分類的正確性，以及如何把相關郵件內容進行摘要。在機器學習的協助下，確實大幅加速弊案調查過程。

　　過濾郵件聽起來很無趣，但我個人倒是滿喜歡的，因為從公司內部不同單位、各種階層的郵件來往中，你可以透過如紀錄片般的全知視角，觀察整間公司的企業文化與營運狀況。

　　曾參與一家公司遭到惡意倒帳的弊案，看著這些往來的郵件，發現某內部嫌疑人為了要達到營收目標，建議公司高層走一條風險極高的路，「過水」一批完全和本業無關的設備。「過水」是在原有的供應商與客戶關係中，硬是加入做為代理商的角色，向供應商買貨再賣給客戶，從中收取

微薄的代理費用。公司高層知道過水不是無本生意,向供應商買貨得馬上付錢,但客戶付款常拖個半年、一年,公司得承受資金的壓力,基本上與銀行放貸沒有差別,而且公司能收到的利率(利潤)極低,僅是讓營收看起來不錯,打腫臉充胖子罷了。

　　案發前一年,早有一個正直的會計主管提醒公司高層,這些交易行為完全違反商業邏輯(客戶明明知道可以找供應商買,為何還願意讓公司加入過水),一點也不合理,也點出其中的風險所在(後來也不幸完全命中)。即使在她的電子郵件中,重點的警告文字斗大又鮮紅,但是為了業績,完全沒人理會她的忠告。

　　這些觀察與領悟,是電腦至今仍無法學會的。

| 弊 | 知 | 課 |

機器學習的決策樹

機器學習可說是較為先進的數據分析，電腦可以透過從現有的資料中自行「學習」到一些關鍵的判斷因子或規律，進而協助我們做更好的決策，正如能夠舉一反三的聰明學生。

而分類演算法則是機器學習的一種類型，其中又以決策樹最為簡單易懂。以下以一個簡單的例子來說明決策樹如何透過歷史資料學習，並建構出可供未來預測使用的模型。

假設鐵達尼號預計在高雄港復航，而且宣傳的重點是完全復刻，從外觀、室內裝潢、艙等、輪機組設計等，全都 100% 按照原始版本打造。

老婆大人是鐵達尼號加李奧納多鐵粉，堅持一定要去，但是你不太放心，擔心連撞冰山這個情節都被忠實復刻。你手中有一份 1912 年 4 月原版鐵達尼號的乘客名單，希望可以「從歷史中學到教訓」，推估老婆大人上船之後的存活機率。如果機率很高，就安心讓她完成心願；如果機率很低，她又不肯放棄，就只好買高額的保險了……

首先，你回憶起小時候看的電影，頭等艙有權有勢的乘客和船長交情似乎比較好，最早得知撞上冰山的消息，所以有充裕的時間反應，存活率應該遠高於不是頭等艙的乘客吧？你掐指一算，頭等

艙乘客的存活率是 63%，非頭等艙只有 31%，看起來艙等是決定生死的一個重要因素！

為求謹慎，你又重新再看了一次電影，發現在分配逃生艇的時候，經常聽到「女人與小孩優先」，代表女性的存活率可能比男性更高。於是你快速心算，發現女性存活率是 74%，男性只有可悲的 19%。

那到底性別還是艙等，甚至其他如年紀、票價、父母數量、親屬數量等因素（又稱變數），才是最重要的呢？

分類後的結果越「純」、越一致，就代表分得越好。純不純，可用資訊亂度「熵」來計算，但讓我們暫時忽略複雜數學公式，直接用肉眼判斷。利用性別分類後顯示，男性基本上都罹難了（81%），女生幾乎都活了下來（74%），這比起用艙等分類（頭等艙的 63% 與非頭等艙的 31% 存活率），性別分類得更純、更一致。因此我們可以說，性別是最重要的因素。

接下來，第二重要的因素是什麼？重複上面的過程，把還沒拿出來用的變數都計算一次，周而復始，直到完成一個能夠預測鐵達尼號乘客生死的判斷模型。

於是，你拿著這棵熱騰騰的決策樹，興沖沖跑去向老婆大人報

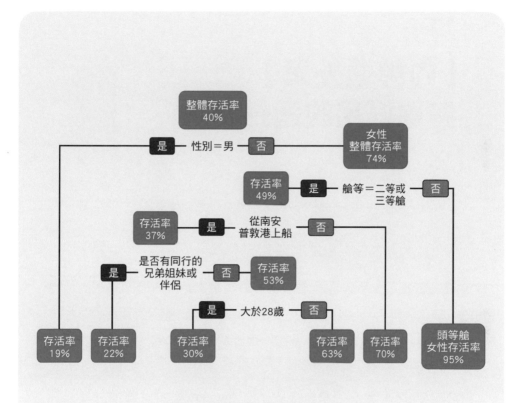

圖：鐵達尼號生死預測決策樹

告。老婆聽了你的解釋以後更開心，因為頭等艙的女性存活率高達
95%。「那就把買保險的錢拿去買頭等艙就好啦，謝謝腦公～」

【內神通外鬼】
簡單好用的迴歸分析

迴歸分析是統計軍火庫中的氫彈。
　　──查爾斯・惠倫（Charles Wheelan），芝加哥大學教授

　　台灣某知名電子品牌透過全球綿密的經銷網路，將產品銷售到世界各角落，營收表現也愈來愈亮眼。這些經銷商之所以願意這麼努力幫忙銷售，主要是因為「銷售佣金」的激勵，貨賣越多或是金額越高（視經銷合約而定），可收取的佣金就越多。

　　由於佣金制度設計得非常複雜，該公司的一位內部稽核報名了一堂利用數據分析發掘舞弊的課程。講師介紹非常多的分析方式，其中一個叫做迴歸分析，該分析法的重點為如果投入與產出之間有一定的關聯，那麼可以用投入與產出的歷史資料歸納出彼此之間的關係。舉例來說，前面提過的東和鋼鐵案，如果在弊案發生之前，就已建立投入（廢鋼）與產出（成品）的關聯（如投入 1 噸廢鋼可產生 0.5 噸成品），那麼弊案一發生後，即會發現新的投入與產出結果，和之前大不相同（如需投入 2 噸廢鋼才能夠產生 0.5 噸成品），代表生產效率明顯降低。這時，再進一步調查或是持續

觀察，相信不難發現是原物料出了問題，最後應該可以找出是地磅工正在搞鬼。

一條迴歸線拿回 800 多萬的溢付佣金

這位內部稽核上課期間正好在查核海外子公司支付當地經銷商的佣金，突然靈光一閃，「經銷商銷售的金額」與「支付給經銷商的佣金」剛好也是投入與產出的關係，而且應該是成正比，完全符合迴歸分析的使用時機。於是，她捨棄傳統的隨機抽樣，蒐集了某段期間歐洲地區經銷商的業績與佣金，再利用 Excel 畫出一條簡單線性迴歸線。就這麼剛好，發現一家經銷商業績平平，佣金卻拿得比其他業績更好的經銷商還要多。

詢問海外子公司的財會人員，得到的回覆是因為帳務處理錯誤，不小心重複支付佣金給該經銷商了。她心中覺得不太對勁，想要分析這位財會人員經手過的所有佣金，一一詳細確認是否還有類似「不小心」重複支付的佣金，藉此判定這次重複到底是單純錯誤，還是刻意舞弊。

可惜的是，因為是到歐洲短期出差，沒有多餘時間仔細確認，加上已經替公司拿回溢付的台幣 800 多萬，所以就先飛回台灣，再找主管討論後續該怎麼處理。這堂利用數據分析發掘舞弊的課程，學費才新台幣 3,000 元，堪稱一堂報酬率超過 2,500 倍的課。

我怎麼會如此清楚這個真實案例的細節呢？因為我剛好是這堂課的講師，這位內部稽核就是其中一名學員，她的公司後來也因此成為我們輔導的客戶。

監督式學習

　　機器學習有三大領域，其中一種稱為「監督式學習」（supervised learning），顧名思義就是資料當中已經含有一些「指示」或「方向」（如被標註是生或死的鐵達尼乘客），讓電腦自己大量閱讀後，從這些指示或方向中找出邏輯並試圖舉一反三，建立出預測模型。

　　分類演算法與迴歸分析，都屬於所謂的監督式學習，只是可以解答的問題類型不同。想要為事物劃分不同類別，比方說，預測鐵達尼號乘客的「生」與「死」、推測一筆信用卡交易是「正常交易」或「盜刷」等，就是分類型演算法的強項。

　　但是如果我們想要知道的並不是類別型的答案，而是一個數字怎麼辦？這時就要出動迴歸分析了。

　　比如說，你是某家公司的行銷主管，你不僅想知道一筆 100 萬的廣告預算投下去後，「是否」會增加業績（這不是廢話嗎），還想知道能夠產生「多少」的業績？

　　於是你拿了前十二個季度的行銷預算，以及對應的業績數字，再翻出高中數學課本，利用簡單線性迴歸分析，行銷預算為 X 軸、業績為 Y 軸，把這十二個季度的資料都點在一個二維平面內。接著，你再畫出一條線，很明顯的，這十二個點剛好都離這條

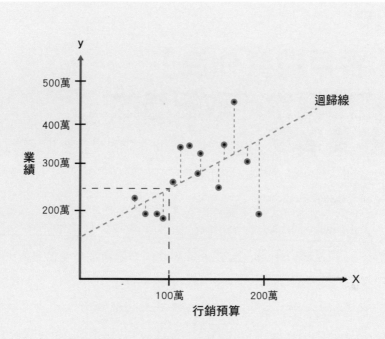

圖：迴歸分析

線不遠。原因很簡單，因為這條線並不是你隨手畫畫，而是透過數學公式，找出一條與這十二個點距離加總起來最小、又稱為最配適的迴歸線。

於是，有了這條迴歸線，你在 X 軸上找到 100 萬，往上對到迴歸線，再向左找到對應的 Y 軸後，就知道這筆行銷預算預計會產生 250 萬的業績。

【客戶個資外洩】
抓出異常存取紀錄的
叢集演算法

> 眾人擔心電腦總有一天會變得太聰明，最終接管這個世界，但實際上真正的問題是電腦其實非常笨，卻早已主宰世界。
>
> ——佩德羅・多明戈斯（Pedro Domingos），華盛頓大學電腦工程系教授

　　自從《個人資料保護法》施行之後，擁有極多客戶個資的金融業就開始留存員工存取個資的完整紀錄，萬一有不肖員工竊取個資並外流後，可以提供詳細軌跡以利追查。不過，既然已經留存這麼完整的存取資料，與其靜待事後追查，為何不好好利用這樣寶貴的資訊，從中挖掘出可能正在竊取個資的員工呢？

　　台灣某知名金控公司也是這麼想，而且確實設計簡單的規則型分析報表，把存取次數超過門檻值的員工姓名、存取時間、存取資料等詳細內容提供給直屬主管，由主管判定是否有異常。

　　我們團隊因緣際會加入後，針對現有機制做了幾個調整。

　　一是關於門檻值的設定。原來的門檻值，是由各單位主管自己「依照

經驗」決定，因此偵測機制是否有效，關鍵掌握在主管對此事的「態度」上。少數主管認為這個報表既沒實際效用，又加重工作負擔，根本不想看到異常報告，因此就把門檻值設定為幾乎不可能達到的「999」次；有的主管比較小心謹慎（或說疑心病重？），把門檻值設到「3」次，每次都會收到滿滿的報告，但裡面多為假警報，如果真的花時間一一追查，根本就是浪費時間。

以行為模式設定偵測規則

於是我們採用前面介紹過的離群值概念，利用各部門的歷史存取紀錄計算，找到可抓出明顯異常的存取次數，再將它設定為門檻值。

另外，深入研究詳細的個資存取紀錄後，我們發現不同類型的部門，存取行為模式大不相同。有些部門屬於「朝九晚五型」，多半在上班時間存取個資，但是中午休息或下班時間就不會再存取；另外還有一群是「日夜顛倒型」，和「朝九晚五型」剛好相反，只有在中午休息和正常下班時間才會密集存取，像是客服單位（大部分人也是在休息時間才打電話給銀行客服吧？）；甚至還有「臨時抱佛腳型」，月底或月初才會有大量存取的行為出現。

就算知道行為模式，對於偵測竊取個資行為有什麼幫助嗎？

在團隊進駐之前，偵測規則是一體適用，每個部門都相同，差異僅在於不同的門檻值。而我們給該金控的建議是，對於不同的行為模式，只要稍微調整偵測規則，偵測效果就可以大幅提高，像是明明屬於「朝九晚五型」的員工，下班時間突然密集查詢個資，就是很明顯的異常行為，但同

樣的規則（下班密集查詢個資）用在「日夜顛倒型」的員工，就沒有太大的意義。

　　接著要解決的是技術性問題。該金控的部門數量有幾百個，要分析的存取紀錄有上千萬筆，如何快速看完所有存取紀錄、歸納出各部門的存取模式、再把這幾百個部門依存取模式分群呢？

　　交給叢集演算法（clustering algorithm）就對了。經過精密的計算以後，它幫我們把幾百個部門自動歸類為五大類型，包含前面提到的「朝九晚五型」、「日夜顛倒型」，每一型都有自己獨特的存取模式，我們再針對不同類型的部門設計適用的偵測規則。

　　除了舞弊偵測以外，叢集演算法也可以用在日常例行檢查。在台灣，比較大的銀行旗下可能有一、兩百間分行，如果想要選 10 間分行好好檢查有沒有問題，該怎麼挑比較好？

　　傳統上不外乎是透過交易額、客戶抱怨次數加上人為主觀判斷，選擇幾個分行做為檢查標的，很難真正涵蓋各種不同類型的分行。我們可以把各分行的屬性資料（如地理位置、交易額、客戶數、客訴量等）交給叢集演算法，分成幾大群後，再從每個群內挑選比較可疑的分行來檢查，這樣不同類型的分行都可以確保被納入檢查範圍。

｜弊｜知｜課｜

非監督式學習

前面提到的監督式學習，都必須有足夠的歷史資料，且資料必須加標籤分類（存活與否、盜刷與否等），或是有對應的關係（業績與廣告預算、佣金與銷售金額等），電腦才能藉此去推論與「學習」。假設沒有這麼完善的資料，或是單純懶得訓練電腦，想試它的能耐，那它能無師自通嗎？

這就是機器學習的第二個領域——非監督式學習（unsupervised Learning），正如在家自學的天才兒童。

許多線上零售或是網路串流媒體，已經發現只要有精準的推薦系統，就可以提高顧客的購買金額，創造強大的黏著力。以 Netflix 為例，現今有 75% 的會員，是透過顯示在頁面的推薦來選擇觀看的影片。要做到精準推薦，就一定要為會員做分群；畢竟品味相似的人，一定也會欣賞對方所喜歡的東西。古人早云：「物以類聚，人以群分。」當然，也有銀行把帳戶交易資料進行分群，和「洗錢」或是「詐騙」行為屬於同一群的交易，有問題的機率也非常高。

而叢集演算法只是非監督式學習的一種，另一大類則是「維度縮減演算法」（dimensionality reduction），目的在於把複雜的資料再進行更強度的濃縮，好加速後續分析的效率，屬於資料處理過

程中非常重要的技巧。

　　機器學習的第三個領域「增強式學習」（reinforcement learning，或稱為「強化學習」），是一個 AlphaGo Zero 都在用、與《射鵰英雄傳》中老頑童周伯通「左右互搏」概念相去不遠的高階技巧，不過在舞弊防治的應用上較少，故略之。

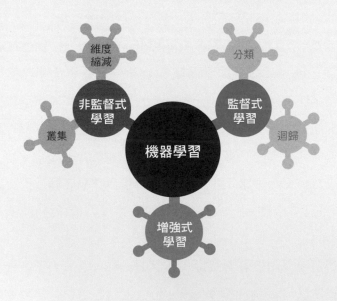

圖：機器學習的領域

LESSON **19**

【幽靈員工詐領薪資】
辨識技術加速破弊

「智慧」讓我們得以為人，而人工智慧則是該特質的延伸。
　　──楊立昆（Yann LeCun），深度學習巨頭

　　深度學習（deep learning）技術出現後，以往難以偵測或調查的舞弊樣態，就不再是無解的問題了。

　　製造業的工廠內常見的一個舞弊手法，就是員工代替沒來的同事、甚至幽靈員工打卡，藉此詐領薪資。以前要偵測這種行徑並不容易，畢竟一個工廠可能就有成千上萬名員工，沒有辦法在每部打卡機前都派人站崗監視。透過打卡紀錄雖然可以找出總是同時一起刷卡的員工，但不一定全都是代打卡，也有可能是一起搭交通車上班、又很聊得來的同事，所以還得再過濾監視器畫面才有機會發現。

　　在深度學習的加持下，電腦辨識影像的能力已經超越人類。不少先進的工廠已改用人臉辨識取代傳統的打卡機，自然不需要再擔心代打卡這種舞弊行為。

　　另外，存放高單價物品的倉庫以往即使設有監視器，錄影畫面也僅能

用來做為後續的竊案追查，無法在事發當下提出警告，及時通知倉管主管進行處理。不過現今監視器搭配影像辨識軟體，已經能「看得懂」畫面中哪些移動的物件是人、人的各種姿勢動作代表的意涵，並在判定有人做出疑似偷竊動作的時候提出警告。

除了影像辨識領域，文字分析同樣也受到深度學習的加持。

像是舞弊調查案件中，最耗費資源的海量郵件審閱。在前述的機器學習技術協助之下，上萬封信可以快速自動做好分類，調查人員再針對比較可疑的郵件深入檢視。不過，調查人員還是得一一細讀已分類好的郵件，並且把複雜的郵件內容整理成條理分明的摘要。那麼，除了分類以外，可否再讓電腦繼續發揮強大的運算能力，讓它「讀得懂」郵件的內容，幫我們從落落長的郵件中，標記出與調查主題（如收受回扣、虛報營收等）有關的段落，甚至將該封郵件的內容濃縮成條列式的重點，減少調查人員的負荷，並加速調查的步調？

辨識技術破譯犯罪集團暗號

我曾在課後與一名檢調機關長官討論，他提到想要用深度學習的文字分析，讓調查人員可以快速破解犯罪集團的暗號。他舉了個例子，由於犯罪集團都知道自己的對話紀錄可能已經遭到警方監視，因此多會使用各種暗號來代表非法的人事物。比如說，曾有販毒集團把安非他命稱為「男生」、海洛因叫做「女生」。

這位長官表示，如果可以透過文字分析，找出對話中出現頻率極高、與普通對話常用語不一樣的用詞，它們就很有可能是暗號；再搭配上深度

學習了解句意的能力，就能幫忙推斷出這個暗號代表什麼意思，加速破案。

聲音辨識領域的應用也不遑多讓。除了把聲音轉成文字的基本應用以外，深度學習還可以透過大量語音資料的訓練，讓電腦「聽得懂」受訪者的感受，辨別他們是緊張不安、胸有成竹或是說謊心虛呢？接著比對受訪者在回答特定問題時的感受，就能夠對受訪者、回答的內容有更深入的了解，讓舞弊案件的調查方向更精準。

不過，為什麼深度學習目前限定在影像、文字與聲音呢？

因為只有影像、文字和聲音，可以完整進入深度學習的模型中，發揮類神經網路架構的效用。影像中的每一個像素、文句內的每一個用字、聲音間的每一段數位訊號，都會絲毫不差的被輸入到模型中。所以，任何的物件都必須透過上述這三種形式進入深度學習模型中，如前面提到人臉辨識得先把員工的臉變成一張張影像、電郵審閱前將郵件內容拆為一個個文字、聲音感受則先把錄音變成一段段訊號。

想要把人（如員工）、公司（如供應商、客戶）、文件（如訂單、發票）等物件「直接」放入深度學習的模型，目前是無法做到的。以員工為例，我們該如何把員工拆解成一個個分子輸入到電腦模型中？除非駭客任務的情節發生在現實世界，否則我們還是只能與現在一樣，把存在資訊系統的員工姓名、聯絡資訊、部門等人類已決定好的「特徵」擷取出來分析。但是，這樣還叫做深度學習嗎？

深度學習與機器學習的差別

機器學習從 1980 年代開始發跡，確實也威風了一陣子。不過，除了增強式學習以外，大多還是需要人類的介入來「擷取特徵」。在前文的鐵達尼號案例中，可以表達乘客的「特徵」有很多，但我們為何只利用乘客的年紀、艙等、票價等欄位，而不採用生肖、星座、身高、體重、學歷、是否有房貸、汽車廠牌、職位、宗教信仰等其他資料呢？

因為採用這些「特徵」都是由人類專家決定的，「擷取」之後再交給演算法進行運算。

既然電腦功能越來越強大，那我們能否懶到極致，乾脆「全部攏乎伊」，不再讓專家掌握特徵的話語權，而是讓電腦自己成為專家，發掘出何為重要的特徵？

可以的，這就是深度學習的核心概念。

那為什麼現代的技術能夠做到這一點？最簡略的答案是──「師夷長技以制夷」。既然人腦這麼強大，那電腦程式就乾脆模仿人類大腦中的神經網路，因此這樣的架構又稱為「類神經網路」（artificial neural network）。

人類大腦有至少 500 億個以上的神經元，因此類神經網路的黑盒子（專業術語為隱藏層）內架構越複雜、節點越多、深度

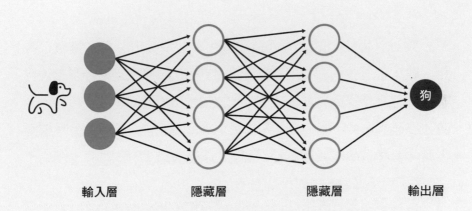

圖：深度學習架構

越「深」，理論上效果不會比較少層的來得差，這也是為何要叫做「深度」學習的原因。

　　類神經網路的架構其實與蜘蛛網長得差不多。在訓練電腦「看得懂」圖片內容的階段，前端輸入層接收到訓練用圖片後（例如：貓狗圖片的每個像素），就交由中間錯綜複雜的網路結構（隱藏層）進行運算。計算完成後，輸出的結果即為「圖片是貓」或「圖片是狗」。當明明輸入貓的照片，但輸出的結果竟然是「狗」的時候，程式就會自己回過頭來修正隱藏層裡面無數的參數值，好讓輸出的答案更接近為「貓」。

接著，再輸入第二張訓練用圖片、計算輸出結果、調整參數值、輸入第三張……如此周而復始，直到所有訓練用圖片都輸入完成。雖然訓練圖片的數量越多、包含越多種不同品種的貓與狗、涵蓋越多貓與狗的不同角度，所訓練出來的模型辨識能力越好，但是圖片本身的蒐集與處理是耗時耗力的，因此實務上得在「效果」、「時間」與「資源」中取得平衡。

訓練完成後，我們就可以將電腦從未看過的圖片輸入這個類神經網路架構（又稱模型），經過隱藏層快速計算後，推論出這張圖片是「狗」還是「貓」。如果這種「實戰」的結果差強人意，代表訓練出來的模型像是個書呆子，只會死背題目，遇到沒見過的題型就答不出來。這時就得靠深度學習的工程師仔細診斷，從資料、模型架構、模型參數等進行調整，因此人類暫時還是不會被電腦取代的──至少這些工程師還不會。

在訓練模型的過程中，需要數量龐大但相對簡單的運算，而這種運算要求剛好是圖形處理器（GPU）的強項。GPU 像是一群經過特訓、四則運算飛快的小學生，而 CPU 則是一名數學博士，專門解決極為複雜的高等數學題目。如果今天考題是一萬題加減乘除，請問是那群小學生比較快正確答完，還是數學博士呢？

LESSON **20**

【廠商借屍還魂】
資料比對妙招找出黑名單廠商

沒有大數據，就像是開車在高速公路上，但是既聾又瞎。

——傑佛瑞・摩爾（Geoffrey Moore），高科技行銷之父

前面幾個數據分析的實際案例中，不同分析技巧之所以能夠發揮效用，有一個非常重要的前提：資料的準備程度必須足以達到分析目的。以某知名高科技公司偵測竊取機密為例，之所以能夠找出竊密的員工，是因為該公司在各種資料傳輸的管道（電子郵件、內部網站存取、印表機等），都早已留下了詳盡的使用紀錄，各種偵測規則也才能有用武之地。

如果很不幸沒有留存足夠的資料，或是留存的資料品質不夠好，怎麼辦呢？

一是腦力激盪發揮創意，二可向外求援。

某家供應商因為涉嫌賄賂客戶內部員工，所以被列入拒絕往來黑名單，但該供應商負責人一點也不擔心未來生意受到影響。他不疾不徐，找了人頭重新註冊一家新公司，接著重操舊業，繼續透過行賄方式取得訂單，可謂「野火燒不盡，春風吹又生」。我們團隊即使收到舉報，試圖比

對新舊供應商的基本資料，也可能沒什麼效果，因為負責人表面上並不相同，註冊的電話與地址也都不一樣，留再多的資料都抓不到。

但團隊成員沒有放棄，開始腦力激盪。我們發現，即使供應商名稱換來換去，有一件事絕對不會變——實際到公司或工廠服務的業務或工程師。畢竟行賄要靠關係，關係要靠頻繁的互動。而供應商進廠服務，得事前填電子表單申請，述明供應商名稱與進廠人員姓名等。既然如此，我們就可以利用進廠紀錄，搜尋出服務多個不同供應商的業務或工程師，藉此找到借屍還魂的供應商，或是看似無關但實際經營者相同的供應商。

善用政府公開資料查出異常付款

一位內部稽核界的朋友曾經和我分享，她如何在缺乏內部資料的情況下，善用外部資料查出「供應商終止營業後，公司卻還繼續付款」的異常行為。她從公司內部資訊系統下載了一個 Excel 檔案，裡面有約 5,000 筆付款資料，包含實際付款日期、金額、還有供應商名稱、統一編號等欄位，但就是沒有供應商的停業日。接著，她教工讀生如何到經濟部「商工登記公示資料查詢服務」網站（http://tinyurl.com/y5177rgt）輸入供應商的名稱或統一編號，找到公司狀況、停業日期等資料，以及如何與 Excel 檔付款資料的付款日比對，接下來同樣的步驟工讀生只要重複進行 4,999 次即可。

知道善用政府的公開資料，已經很不容易。除了透過網站人工查詢外，政府其實已經開放了前述商工登記的資料集（稱為「公司登記基本資料」：https://tinyurl.com/y25vzajr），並提供一種「電腦與電腦」溝通的介

面，稱為 API（Application Programming Interface，應用程式介面）。

上述找工讀生重複查詢的方法，是「人與電腦」的溝通方式，它的處理瓶頸會卡在人對於資訊的擷取與理解速度（眼睛要看網頁，再檢查 Excel 檔的付款日），而 API 介面則可讓這個 Excel 檔（或其他程式）直接和經濟部「商工登記公示資料查詢服務」網站溝通，自動把公司狀況、停業日期等資料輸入到 Excel 檔內，因為是「電腦與電腦」的溝通，速度飛快，一筆資料查詢加上自動輸入，不用 3 秒。

至於想了解「電腦與電腦」的溝通是什麼感覺，電影《雲端情人》（*Her*）就生動呈現出這種有趣的互動。

| 弊 | 知 | 課 |

數據分析的第三元素——工具軟體

　　有了資料，懂得使用何種分析技巧，最後就是決定要落實在何種工具或平台上了。

　　Excel 對於一般使用者來說，特別親切易用，搭配各種公式、樞紐分析甚至巨集，很快就能整理好資料，分析出初步的結果。不過，它最致命的缺點是一個 Excel 檔可以儲存的資料筆數和處理效能。以 Excel 2019 來說，最多能儲存的資料筆數僅有 104 萬多筆（其實和 2007 版一模一樣）。先不說存滿 104 萬多筆的 Excel 檔開啟時間要多久，光是一個 10 萬筆的 Excel 檔更新資料後的公式重新計算，可能就足以讓人崩潰了。

　　於是，進階使用者想到利用資料庫（database）來進行分析，不管是一個資料庫大小僅限於 2GB 的 Access，或是微軟、甲骨文、甚至開源的資料庫伺服器。但是，要維護一個資料庫伺服器需要額外人力，SQL 語言也不如 Excel 公式簡單上手，要了解哪些資料儲存在上萬個表格中的哪個欄位，更是難中之難。

　　曾經風行一時的商業智慧（Business Intelligence，簡稱 BI）報表工具，這時就派上用場了。既然已經有整理好的資料，配上使用者可以自行客製化的報表，選對資料配上會用滑鼠拖拉，各種偵測報表即可快速產生，非常有效率。

　　但是若一開始 BI 內沒有這個資料，或是需要更特殊的邏輯或規則，還是需要資訊專業人員的介入，溝通上難免雞同鴨講，因此可以自由匯入各種資料、自行寫程式、程式不難寫（甚至不用寫）的電腦輔助稽核工具（CAAT）就順應而生了。知名的有 ACL、IDEA，還有開源的 Picalo，都可以應付非常大量的資料處理（我曾利用 ACL 處理過上億筆資料），並且透過使用者介面點選幾下，就可以完成不錯的分析。

　　隨著機器學習與人工智慧興起，CAAT 的發展似乎有點跟不太上，因此，終極使用者開始向 Python 或 R 語言靠攏，試圖利用各種套件中的先進演算法來偵測舞弊。舉例來說，星展銀行的新加坡總部裡，內部稽核單位就配置不少會寫 Python 程式的數據分析專家。

　　說了這麼多，論點並沒有改變——分析工具就和愛情一樣，沒有最好，只有最適合。

【竄改資料】
數位鑑識處理數位證物

科學帶來鑑識，法律則協助定罪。
——莫可可瑪・莫寇諾阿納（Mokokoma Mokhonoana），南非作家

　　為了確保醫院院區發生重大災害時，重要的資訊系統能夠在其他地方短時間啟動，繼續維持該有的服務，臺大醫院建置了「異地備援系統」，並委託專業的資訊廠商敦陽科技負責維護。

　　2013 年 12 月中，臺大醫院確定將維護廠商更換為盟立。2014 年 2 月 12 日，臺大醫院資訊室工程師為新舊廠商交接準備資料時，發現指令檔案內容居然遭人更動。指令檔案被異動的內容並不多，只是在伺服器 IP 位址的最後一位加上一點、把原本須執行的程式碼前面加上「#」、或是整段程式碼內容刪除。

　　這看似無害的程式異動，其實已經讓「異地備援系統」失效了。IP 位址最後加上一點，會讓電腦遠端連線失敗。加上「#」的程式片段，會被電腦判定成註解，因此跳過不執行。如果臺大醫院的工程師未發現這些異動，當災害事件發生時，備援系統無法啟動，對病患的權益甚至生命，都

會造成非常嚴重的影響。

　　當初派駐於臺大醫院、負責維護的敦陽科技陳姓工程師涉有重嫌。不過問題在於要如何證明確實是他做的？像指令檔案這種數位資料，是極易遭到非故意的汙染，甚至被刻意竄改，因此證物處理上必須花費更多力氣，才能在法庭上證明它的證據能力。

　　數位鑑識（digital forensics）就是專門處理這樣的數位證物。

　　經過嚴謹的數位鑑識程序，發現陳姓工程師就在 2013 年 12 月底及隔年 1 月初，在臺大醫院的資訊室廠商辦公室，透過 VPN 以自己的筆記型電腦連上主機後，竄改啟動備援資料庫的指令程式，讓異地備援系統無法及時啟動。這個呈現在數位鑑識報告中的結論，檢察官完全採納，並成為起訴書的證據之一。

數位鑑識與隱私侵犯

　　數位鑑識當然不是破案的唯一關鍵，不過在資訊化程度愈來愈高、每個人都離不開電腦與手機的現代，重要性只會不減反增。為了提供更好與更精準的服務，電腦與手機的作業系統和軟體，早已留下非常完整的紀錄。這種完整程度，絕對遠遠超出你的想像，而且它的鉅細靡遺，是當你知道真相後，會感到害怕的。

　　以前授課時最常被問到的數位鑑識問題，倒不是數位鑑識實際上怎麼操作，而是擔心數位鑑識的法律責任。如果請民間鑑識團隊協助，或是公司自己培養的內部團隊進行數位鑑識，甚至與駭客一樣破解密碼，在員工不知情的情況下，難道不會侵犯他們的隱私？

　　首先，得看員工在公司使用的電腦產權是不是屬於公司的。有些人或許會覺得這句話很奇怪，既然電腦都已經在公司公務使用了，難道還是員工自費購買的嗎？是的，就是有公司要員工自掏腰包買電腦來用，或是只出一半的錢，這時全部或部分產權是屬於員工的，私自做數位鑑識會有法律風險。

　　那如果電腦是公司產權，就可以想鑑識就隨時做了嗎？通常我們會詢問公司當初的聘雇合約或資訊管理辦法中，有沒有提到公司電腦僅做公務使用，若在公務電腦處理私人業務，表示放棄個人隱私，公司有權隨時稽查。如果沒有明確規定，則會要求趕快補公告上述的文字，之後再進行數位鑑識才不會引起爭議。

　　不過，實務上遇過電腦屬公司產權，也公告電腦使用規定，但嫌疑人還是要求在封存前刪除一些私人的照片。這是人之常情，通常公司也會允許嫌疑人在他人的監視下刪除私人資料。不過，其實鑑識團隊沒說出口的是，現在刪除也沒什麼意義，因為檔案還原對他們來說實在太簡單。

數位鑑識人員的密碼破解大絕

　　公司只要在弊案處理過程保密得宜，讓舞弊犯不知道公司已經起疑，他們通常是不會主動刪除關鍵檔案，甚至加上密碼鎖起來。不過，還是遇過心思縝密的舞弊犯，不僅刪除重要檔案，還在刪除前用密碼上鎖，讓數位鑑識人員即使還原檔案了，還得面臨第二道「破解密碼」的關卡。

　　去問舞弊犯密碼？他如果腦子正常的話一定不會講，或說他忘記了。這時，數位鑑識人員大概可以透過以下幾種方式來破解密碼：

1. 電腦螢幕旁邊的小貼紙

年紀比較大的舞弊犯，記不住公司這麼多種資訊系統的不同密碼，而且密碼還被要求定時更換，因此通常會把各式密碼寫在便利貼，貼在電腦螢幕或主機上。翻一翻這些便利貼，找一下有沒有短又奇怪的幾個英文字，通常都會有不錯的收穫。

2. 暴力破解（brute-force attack）

所謂暴力，並不是指對舞弊犯使用暴力（雖然很想），而是不斷用軟體自動嘗試各種文字、數字、特殊符號等排列組合而出的密碼，直到找出正確的唯一組合。假設我們要破解的密碼長度是 5 位，密碼可為數字或小寫英文字母，那麼可能的組合就有 36 的 5 次方，高達 6,000 多萬組。

這麼多組密碼，如果用強悍的 CPU，甚至借助高階顯示卡的 GPU（圖形處理器），能多快破解呢？

假設被密碼鎖住的檔案是 Excel 2013，用 Nvidia 高階顯卡 GTX 1080 來運算，根據某密碼破解軟體的實際測試，不到 3 個小時就可以把所有密碼組合都試過一遍，代表最多只需要 3 小時就能找到密碼。

那如果密碼不只 5 位，可設定的值不只小寫或數字，還加了大寫與特殊符號，密碼組合數可能會是天文數字，需要耗費無數的計算資源（好幾顆 CPU 或顯示卡）以及非常久的時間，才有可能找到正確密碼。

還有沒有更好的方法？

3. 字典檔攻擊（dictionary attack）

設定密碼的時候，多數人常常不自覺採用了易記好輸入的密碼，像是 123456 或是 qwerty 這種世界知名的超弱密碼。因此，與其像暴力破解法去試每個組合，想要愚公移山，不如先試試看大家常用的密碼清單。

這個常用的密碼清單，就是所謂的字典檔。網路上非常多熱心人士已經整理好各種版本的字典檔，不需要自己從頭開始，像是 CrackStation 出品的密碼檔，包含了近 15 億個常用密碼，檔案大小僅 15GB 左右。

另外，我們可能知道舞弊犯的生日、英文姓名等常用來當做密碼的資訊，因此除了標準的字典檔以外，還可以加入這些個人化資訊，客製出更容易破解成功的字典檔。

4. 軟體漏洞

前兩種方法，都是正面直球對決，就如小偷直接試圖撬開大門的鎖。可是，如果窗戶根本沒關呢？儲存檔案所使用的軟體，其漏洞就像是沒關的窗戶，小偷不需要大門的鑰匙（密碼），也可以輕鬆進入別人家中。

比如說，副檔名為 xlsx 的 Excel 檔案，只要先把副檔名改為 zip、把檔案解壓縮、用記事本打開該活頁簿的 XML 並刪除加密的相關標記、取代原先的活頁簿、副檔名改回 xlsx 後，密碼保護功能就消失了，自然也不用這麼辛苦去破解密碼了。不要懷疑，有些軟體漏洞就是這麼「平易近人」。

5. 輸入過的密碼清單

這部分就需要高階的技巧與工具來達成。

舞弊犯輸入過的密碼清單，可能存在使用過的軟體或作業系統內，並留下紀錄，所以只要能夠檢視這些紀錄，就可找到對應的密碼。但如果軟體與作業系統都沒有留下紀錄，那就得靠記憶體了。

記憶體是安裝在電腦內的硬體，做為資料進行運算時的「暫時」儲存場所。因此，輸入過的帳號密碼（以及其他不相關的各種資料），有機會保存在記憶體這個混亂的資料海中，透過特殊工具與手法，還是有可能挖掘出來的。

6. 多做善事

當然，如果數位鑑識人員平時常扶老太太過馬路、捷運都有讓座給老先生，默默累積陰德值，那就很有機會發現舞弊犯因為記不住這麼多密碼，所以把密碼都存在電腦桌面上的某個 Excel 檔裡面呢！

這不是我編撰的故事。曾與之前發生駭客入侵事件的某金融機構資訊人員私下閒聊，很好奇為什麼駭客能夠在短時間內進入這麼多主機，畢竟金融業資安要求高，密碼既複雜又經常更換，駭客應該很難猜到才對。他們一開始有點支吾其詞，不斷追問之下才有點不好意思的說：「正是因為密碼太過複雜，連我們自己都記不住，所以都把密碼輸入 Excel 檔存在桌面上。」駭客找到這個 Excel 檔後，自然就順利以最高權限進入各大系統中啦！

數位鑑識採證要留意性別差異

數位鑑識的第一階段「採證」，主要任務是把數位證據所在的電腦環境，完完整整的複製一份帶走。這個動作，又稱為「封存」。最常見的數位證據「載體」（儲存媒介），非硬碟莫屬了，畢竟它容量大又便宜，各種資料都可以儲存其中。數位鑑識人員拆開嫌疑人電腦取得證物硬碟（又稱原始件）後，利用特殊軟硬體把它一五一十滴水不漏的備份到另外幾顆空白硬碟（又稱複製件、分析件）中，然後再分析其中的資料。

數位鑑識人員覺得最麻煩的一件事情，就是封存女性嫌疑人的電腦。

男性的辦公桌通常很單純，電腦上只有一些必備的器具，像是馬克杯、充電線、滑鼠鍵盤等，不會有太多的裝飾，因此搬動電腦後，要再恢復成原狀一點也不難。

女生就不同了。辦公桌通常會擺滿男友的、老公的、閨密的、小孩的、寵物的照片，還有各種保養品、化妝品、裝飾品、可愛文具、玩偶娃娃、腳底風扇、暖扇、室內拖鞋，加上便利商店集點送的各種磁貼小物，復原難度極高，而且整個復原時間，可能還超過封存硬碟這件事。

數位鑑識人員必須先把整個辦公桌面 360 度環繞式拍下好幾

張照片，然後盡量減少不必要的移動。做完硬碟封存並裝回電腦後，開始翻出剛剛拍的照片，把 Hello Kitty 磁鐵右斜 15 度放到隔間板上的某個位置、狗狗的相框正面向椅子擺放等等，一點一滴拼湊回去。

即使這麼小心了，隔天還是會聽到女性嫌疑犯向其他同事抱怨，昨天晚上打掃阿姨是不是又亂碰她的東西，因為 Hello Kitty 磁鐵應該是右斜 20 度才對！

LESSON **22**

【湮滅罪證】
還原檔案找到關鍵證據

凡走過,必留下痕跡;凡住過,必留下鄰居。
——卜學亮,「超級任務」單元台詞

2008 年 7 月 9 日,對於台新銀行的高層來說,是個難忘的日子。

巴紐外交公款侵吞弊案期間,大眾對資金流向議論紛紛,甚至懷疑捐客金紀玖將部分資金回流政府官員,而時任立委邱毅就在此時召開記者會爆料,公布時任行政院副院長邱義仁四年來的刷卡紀錄。邱毅質問,僅僅一張白金卡為何平均每月卡費高達 15 萬元,而一個月薪水了不起近 20 萬元的政府官員,如何負擔得起這種奢華的消費水準?他要求邱義仁說清楚、講明白,邱義仁則回應公私花費都刷卡,公務支出事後才報帳,不應混為一談。

看完新聞後,台新高層們已經崩潰。不論是政商名流或平民百姓,只要是客戶,該有的隱私本來就應受到合理保護,刷卡資料怎麼會輕易外流?於是,台新只好趕緊向刑事局報案,請檢警協助追查,最後發現負責「信用卡年度換卡系統」的沈姓程式設計師嫌疑最大,於是扣押他的公司電

腦及隨身硬碟。經過深入追查和數位鑑識的協助下，赫然發現：

（1）在銀行資安這麼嚴謹的機構，程式開發的角色會被限制在開發環境中，不可能存取正式環境的資料。因此，在開發環境用來測試的資料，通常是虛構的假資料，或是用正式區資料進行加工或遮蔽。照理說，沈不可能接觸到真實資料。但不知他如何說服（或誘騙）系統管理員，居然拿到具有下載正式資料權限的帳號密碼，跨出最困難的第一步。

（2）有了帳號密碼可以下載還不夠，台新的電腦都安裝側錄使用者操作畫面的軟體，每次錄 10 至 15 秒，希望嚇阻想要為非作歹的員工，或是至少出事後能保留證據。可惜的是，沈早就發現這個軟體的漏洞，只要安裝 Windows XP 的更新包 SP2，並開啟防火牆功能，軟體就根本錄不到畫面，也無法佐證他有下載過資料。

（3）避開側錄下載資料到公司電腦後，如何帶出去也是個問題。最簡單的方法就是拿外接隨身硬碟，直接複製帶走就好。不過，台新預設是不開放 USB 的使用權限，沒申請是無法使用的。沈是程式設計師，這點難不倒他，找了破解 USB 控管的程式，資料就順利存到外接硬碟了。

（4）此外，沈心思細膩，盡可能刪除了留下的數位跡證。像是破解 USB 的程式用完就馬上移除，下載完內含邱義仁等客戶身分證字號、信用卡卡號等資料的檔案後，還先轉換成名為「牧笛」、「冬季不下雪」的 mp3 音樂檔（看來是劉德華鐵粉），試圖掩蓋真實意圖，並在使用完後把檔案清得一乾二淨。

即使檢警找出上述這麼多事證，最終還是沒有證據可以直接證明沈下

載了邱義仁的刷卡紀錄。「信用卡年度換卡系統」中，只有客戶姓名、身分證字號、卡號、生日等主檔類型的資料，並沒有刷卡紀錄的明細資料，沈下載的也只是前述的主檔型資料。看來，洩漏刷卡明細的真相，全世界只有三個人知道了，一個是邱毅，一個是那位線民，另一個是誰？很抱歉。我也不知道。

　　不過，沈最後還是因為破解台新的電腦防護措施、取得客戶的信用卡主檔資料，被判妨害電腦使用罪。[17]

數位鑑識人員喜歡找出被刪除的資料

　　如果你是沈姓程式設計師，你一定會想：「奇怪，我不是明明刪得一乾二淨了嗎？」

　　要回答這個問題之前，必須先了解電腦中的檔案是怎麼被儲存與管理的。以最普遍的微軟作業系統 Windows 為例，電腦中所有檔案的相關資訊都儲存在一張「總表」上，當中記錄了檔案的名稱、大小、所存放的位置、日期等重要資訊。因此，當你想找昨天熬夜辛苦做的簡報，或是前天同事寄來的超大 Excel 檔，只要搜尋檔名，Windows 就會透過「總表」，找到那個檔案儲存的位置，然後從硬碟中取出來讓你使用。

　　至於「刪除」這個動作，可能遠比你想像的還要草率。當你刪除一個檔案，甚至到資源回收桶再用力刪一次，都只是在「總表」上刪除這個檔案的紀錄，實體上它還是儲存在硬碟原來的位置當中，根本沒被抹除，有種掩耳盜鈴、眼不見為淨的感覺。那到底什麼時候這個早該被刪除的檔案，才真的會被刪除呢？等到作業系統決定某個新建立的檔案，必須儲存

在這個舊檔案的位置時，才會真正刪除它。

　　這樣的特性，自然被數位鑑識軟體拿來使用。它們不會被總表唬弄，而是直接掃描硬碟中還有哪些檔案，就能發現那些「宣稱」被刪除的資料。而且，通常被刪除的都是好料。像是台新沈姓工程師刪除的破解 USB 程式、信用卡資料檔、偽裝的 mp3 音樂檔等，都是刑事警察局利用 Encase 這套鑑識軟體還原出來的。

　　為什麼數位鑑識人員這麼喜歡找出被刪除的資料呢？

　　原因很簡單：今天換作你是舞弊犯，當察覺公司對你起疑後，第一件事會做什麼呢？

---

17. 臺灣高等法院 98 年上訴字第 3246 號刑事判決，2009 年 11 月 10 日。

| 弊 | 知 | 課 |

檔案無法還原怎麼辦？

　　世界不是完美的，我們團隊實際上在調查時，也經常發生嫌疑人電腦中的重要檔案被刪除後，無法順利還原的狀況。

　　山不轉路轉，重要檔案除了嫌疑人的電腦外，還有可能存在其他的地方，像是部門共用的資料夾、資訊系統各式表單、電子郵件附件、甚至被定期備份到公司的伺服器中，只是需要多花一點時間尋找。

　　而向司法機關報案讓公權力介入後，還能從各種管道搜尋到更強有力的證據，比方說，私人手機中的通話與對話紀錄、銀行帳戶的金流資料等，讓舞弊行為無所遁形。

第 4 部

弊案背後的公道

- 完成舞弊調查後，一切才開始
- 要不要提告，這是大問題
- 受理舞弊提告與調查的單位
- 收賄舞弊犯判什麼罪？
- 法律挺吹哨者嗎？
- 財報不實責任大，獨董和會計師難自保

完成舞弊調查後，一切才開始

我們製造舞弊的能力，已經遠超過偵測舞弊的能力了。
——艾爾·帕西諾（Al Pacino），美國名演員

　　收到某供應商賣假貨的舉報後，我們團隊先下載採購資料，確認真的有和某廠商購買某品牌零件的事實之後，就開始擬訂調查策略。一位同事負責聯絡生產線的現場員工，要求把裝在設備上的該品牌零件清楚拍照後傳來。同時，一位同事則實際走一趟零件倉庫，把還沒裝到設備上的零件拍照並要求倉庫封存。另一位同事分析整理了近幾年向該供應商採購的紀錄，其他同事則檢視當初導入這個供應商與零件的申請文件，討論哪個單位的誰嫌疑最大、如何安排訪談順序、訪談的重點是什麼等等。

　　在檢視了無數的報價、採購、驗收、付款、產品登記、商標等文件、訪談不下 30 人次的員工、多次至原廠拜訪了解狀況兼尋求工程師協助之下，最後總算水落石出。供應商找了本地廠商仿冒原廠的零件，然後與公司採購小主管勾結，假冒原廠零件賣進來，不法獲利超過 100%。

　　還記得我在準備結案報告的過程，和前輩兼老闆閒聊提到：「總算要告一個段落了，可以好好休息一下」的時候，她搖搖頭笑著說：「還早呢，整個過程可能還沒走到一半吧！」

原來，調查完後，真正困難的工作還在後頭。

比查弊還難的後續工作

查出明確的舞弊證據以後，通常還有以下四大後續工作等著我們完成，而且每一個的難度與重要性，都不輸給舞弊調查。

1. 法律行動

調查完後是否報案、要用哪條罪名提告，都需要律師協助評估。有時候明明是 A 罪名比較符合犯罪事實，但因為以現有證據來看，B 罪名比較容易成立，因此決定改用 B 罪名提告。又或是評估後發現相關的罪名成功率都不高，但從已簽訂的廉潔守則來看，民事訴訟也不失為一個殺雞儆猴的好方法。

有些老闆非常堅持，即使證據不夠，即使敗訴機率高，還是要告。就像京東創辦人劉強東所說：「你貪 10 萬，我就是花 1,000 萬也要把你查出來！」、「雖然貪污腐敗的員工是屈指可數，但我哪怕一年只抓一個人，我就要投入 3 個人的力量，不是我為了他貪污我的錢，而是這是我創立公司的夢想。」當然也有老闆看到外部律師的報價後，立即改口說：「我把員工當家人，給他一個改過自新的機會吧！」

如果經過專業評估，法律行動勝率不高，甚至無法立案時，我們還要堅持追查或提告嗎？某些公司會選擇讓員工吐出賄款後離職，或讓供應商賠償暴利後，重新簽約保證不再犯並要求讓利。這並沒有對錯，只是一種現實的選擇。

2. 內部公告

員工眼睛都是雪亮的，特別是舉報者，一定非常關心弊案的處理狀況與結果。一旦久未有進度，或是根本雷聲大雨點小，良心員工就會灰心的另擇良木而棲，原本觀望的嫌疑人則會鬆一口氣，甚至變本加厲。

最好的方法，就是定期公布弊案的處理狀況。大陸京東、阿里巴巴、美團點評等幾個知名電商，反腐力道非常強，定期會把舞弊案件的重點資訊，如單位、舞弊手法和懲處方式，都公布給所有員工，讓員工明確知道公司對待舞弊案件的態度。

3. 相關懲處

許多時候，公司原本的作業辦法中早就訂了控制舞弊的方式，只是實際上根本未落實（如前文提到的主管覆核）。所以，根因並不是制度不夠完善，而是人未確實執行。照理說，這應該進行懲處，但很多時候大家都不願當壞人，所以又弄出更多不應該出現、根本重工的新控制措施，不僅浪費人力，而且「三個和尚沒水喝」，每個人都認為「反正其他人會檢查」，到最後球又落在地上，又再設計更多控制，如此惡性循環，問題絕對解決不了。

4. 改善與追蹤

如果原來沒有防弊的控制措施，或是現行防弊的控制不夠周延，那麼就應該試著改善。最怕因為事情在風頭上，把控制設計得矯枉過正。比方說，為了雞毛蒜皮的小事情或價格極低的物料，把控制拉到最高規格，變

得什麼事都要經過執行長簽核，根本失去控制的意義。控制是有成本的，並不是花一個價錢就可以吃到飽的。

　　風頭一過，老闆不氣或忘記了（因為又有新弊案），通常大家就放鬆了，原本答應的改善措施可能就放在一邊。所以定期追蹤這些控制的改善狀況，避免類似案件再犯，絕對是查弊後不可或缺的動作。

　　在這幾個困難的後續工作當中，又以法律行動最為複雜。其他三項工作都是公司內部可以獨力完成的，唯獨法律行動得和各種外部角色互動，像是外部律師、警察、調查人員、檢察官、法官、被告廠商等，非常不容易，因此得用以下兩章來深入探討。

LESSON **24**

要不要提告，這是大問題

舉證之所在，敗訴之所在。
　——法律名言

　　剛踏入新竹喜來登飯店，準備參加上海華力微電子的面試時，台積電徐姓工程師心中還是有點忐忑不安。倒不是寬敞豪華的大廳讓他感到緊張，而是那位「黃先生」從看到他在104的履歷主動打電話給他、頻繁討論細節、電子郵件提供詳細履歷到最後相約面試，前後也才不到20天，而且對方要找的是負責二八奈米的製程整合科長，他在台積電目前是負責五奈米研發的資深製程整合工程師，沒有負責過二八奈米，很擔心會不會沒辦法得到這份工作。還好面試後一週，「黃先生」就通知他面試過關，他也特地飛一趟上海了解新工作與生活環境，回台後決定開啟這趟新的旅程。

　　為了符合新東家的期待——上工就具備處理二八奈米製程研發及整合遇到的問題，而且得趕上預期的研發時程，徐在提出辭呈之前，先從台積電內部伺服器下載了二八奈米的高效能與低功耗製程文件，裡面包含製程的流程圖和機台參數等重要資訊，然後列印出來帶回家，打算好好用功研讀。現在讀不完也沒關係，之後還可以帶去華力微，做為遇到問題時的參考資料。

上述製程文件，在台積電的機密等級分屬 Security C 與 B，按規定這種等級的紙本文件是不能攜出的，除非是公務必要，而且必須經直屬主管同意、開立資訊資產放行單後，才能攜帶出廠。徐定期接受台積電的「機密資訊保護」（Proprietary Information Protection，簡稱 PIP）教育訓練，沒有理由不知道這些規定。

還好，2017 年 1 月 6 日徐提出辭呈，直屬的楊姓主管按規定進行離職前稽核，檢查他近期的列印紀錄時發現，他居然列印和職務無關的二八奈米製程資料，而且還帶回家中。楊姓主管當機立斷，趕緊和徐回住處取回紙本，才避免重要的研發機密外流至競爭對手。[18]

徐當時一定沒有想到，面試當天緊張的，其實不只他一位。同一天同一家飯店內，無獨有偶，還有另一位台積電周姓技術副理，也正接受華力微的面試，不過職缺更高，是二八、二十、十四奈米製程的部長。周目前負責五奈米金屬薄膜填洞製程開發，面試之後想要極力爭取該職缺，所以打算到台積電內部伺服器「默默」下載一些技術資料進修。他知道台積電針對這些機密資料的存取，一定留有不少紀錄，所以想辦法盡量不要被察覺。比如說，下載十六奈米前段、中段製程流程及說明檔案時，原本為「flow.xls」的檔名，被他改為「iii.xls」後才進行列印；另外，開啟十奈米製程機台產線配置及成本檔案後並沒有馬上就列印，而是先複製到空白 PowerPoint 檔中再列印；最後，還把二十奈米產品異常問題的彙整檔案複

---

18. 智慧財產法院 107 年度刑智上訴字第 5 號判決。

製到另一 PowerPoint 檔內，再把該檔名稱中的「N20」（即二十奈米）、檔案內的「tsmc」、「Security C-TSMC Secret」字樣都刪光後才列印，最後全帶回家中。與徐相同，2017 年 1 月 13 日周提出辭呈，直屬李姓主管也是在離職稽核時發現他列印機密文件，一樣趕緊取回，再次避免外流。[19]

　　時間相近的兩個案件，在台積電法務人員報案後，皆在不到 24 小時內就執行搜索，扣押兩人的行動電話、筆記型電腦、辦理護照證件收據等相關證物，並在 12 小時後就將被告限制出境。新竹地檢署檢察官劉怡君表示，廠商與檢調人員應互信合作，才能使偵查營業祕密案件成功，台積電這兩個案件能夠這麼有效率，是檢調單位與業者通力合作的結果，雙方可說合作愉快。

報案前要做的功課

　　台積電不愧是業界模範生，徐 2017 年 1 月 6 日提出辭呈後，它 1 月 23 日隨即提告，以弊案調查來說根本是光速，因為在報案之前有非常多功課要做。

　　首先，公司必須先搞清楚：誰在什麼時間點、什麼地方、因為什麼原因、透過什麼方式、做了哪些事情。台積電主管看到徐、周兩人下載不應該存取的資料，又因為保留各種使用紀錄，所以能夠從列印紀錄，追查到對應的下載紀錄、電腦連線紀錄、帳號登入紀錄等，因而得知他們（誰）都在離職前（時間點）因為即將要到競爭對手公司任職（原因），擅自從伺服器（地方）下載並列印（方式）與目前工作無關的資料，想要帶槍投靠（事情）。

　　但不少公司根本就沒有足夠資源，或是覺得沒必要保留這麼詳細的紀錄。畢竟，要留存完整的紀錄，不只軟硬體都得同時升級，儲存空間也得額外擴充，因為留存時間越長、紀錄越詳細，所需的空間也就越多。檢察官劉怡君曾經表示，有些企業欠缺相關稽核紀錄，不僅搞不清楚被告的員工偷了什麼東西，也無法提出證明。她也感嘆公司對檢調單位因此產生誤會，目前已無互信基礎。[20]

　　竊取營業祕密相較之下還算是比較容易了解來龍去脈的案件，因為大部分資料都在企業內部。其他像是收賄、供應商販售假貨、或是採購私自成立公司進行交易等，通常很難一開始就有明確的資料與結果（除非舉報者提供），而且即使花了很多時間蒐集資料與自行調查，也不一定能完全水落石出。

　　搞清楚狀況後，接著是止血，不讓傷害再度擴大。以上述台積電案件為例，知道機密資料被列印後，主管們趕緊第一時間把紙本資料取回。同時，為了擔心這些資料曾以其他形式提供給競爭對手（如拍照傳給對方），台積電立即發函給華力微，警告不可使用非法取得的營業祕密，試圖先把傷害降到最低。以供應商販售假貨為例，假設已有足夠的證據，則可依照與供應商簽訂的合約，採取更激進但合理的措施，如凍結供應商的應付帳款，避免供應商後續刻意倒閉、求償無門。

---

19. 臺灣新竹地方法院 107 年智訴字第 5 號刑事判決。

20.〈台積電、法務部聯手，竊密案 36 小時偵結〉，《自由時報》，2017 年 5 月 12 日。

提告與訴訟策略

前面兩項功課做完後，才真正進入法律訴訟的核心：決定要不要提告，以及選定訴訟策略。

台積電調查後發現徐、周兩人私自列印與公務無關的機密資料，還準備供競爭對手使用，這種行為對公司會造成非常嚴重的經濟影響，而且如果私了，就不可能遏阻類似的事件再度發生，因此一定得提告，以儆效尤。

決定要提告以後，該告什麼罪比較好？通常法務人員或外聘律師會衡量實際狀況，像是犯罪構成要件、刑度、手中證據的強度、之前判例是否對公司有利等等，經過詳細的利害分析後，建議可採取的策略。再以台積電案例來看，最直接的相關法條，就是《營業祕密法》第 13-1 條「意圖為自己或第三人不法之利益，或損害營業祕密所有人之利益」，以及第 13-2 條「意圖在外國、大陸地區、香港或澳門使用，而犯前條第一項各款之罪者」了。

至於兩人列印的資料，若要認定為營業祕密，必須符合以下三原則：

（1）祕密性：這些資料並不是一般人從圖書館借本「24 小時就學會的半導體製程」，或是 Google 查兩下就能得到的，而是台積電整理分析所得，因此具有祕密性。

（2）經濟性：這些資料包含完整製程，以及建議的機台參數，都是台積電投入大量資源辛苦研發而得，其他競爭對手取得後可以快速趕上台積電，因此具有經濟性。

（3）保密措施：這些資料都被標註機密等級，也都安排員工進行教育訓練，已有合理防護機制來保存這些珍貴的機密文件，因此具有保密措施。

　　確定以上三點全部符合，就可以認定這些資料為營業祕密，自然就可以用《營業祕密法》提出告訴。

　　但是，公司內部的人了解案情還不夠，案件的資訊如何完整且有效傳達給具有偵查權的外部機關，才是決戰的重點。以營業祕密案件來說，公司提出告訴前，最好先填寫「釋明事項表」，[21] 詳細描述基本資料、受損害的營業祕密、保護營業祕密的措施、可疑犯罪行為人等，這樣檢察官收案時，才能快速掌握狀況。當你寫得和白居易的詩一樣老嫗能解，就可以減少來回確認與書件往來的時間，不論對公司或是偵辦的檢察官來說，絕對都是好事。

　　所以台積電在短短幾天內就能完成以上的動作，確實是模範生等級的表現。

　　然而，如果因為證據不足、訴訟成本高於效益、涉案員工積極配合調查也有誠意和解、老闆不想上新聞等等各種的理由，最後決定不告，也不一定代表公司就是姑息養奸。畢竟，要不要進行訴訟，有太多面向需要考量。但請至少確保沒有傳達錯誤的訊息給員工或利害關係人，讓他們以為在這裡舞弊就算被抓，也不會怎麼樣，然後開始「樓頂招樓下、阿母招阿爸」，把公司當成舞弊遊樂園一樣。

---

21. 檢察機關辦理重大違反營業祕密法案件注意事項。

實際上仍有很多不進行訴訟，但依舊可以傳達正確訊息的方式，像是按規章懲處員工、要求涉案人員賠償、供應商退款並且持續讓利、定期公布懲處名單、教育訓練中加入真實案例宣導等，都可以讓員工和利害關係人知道，公司並不是吃素的，對於防弊是玩真的。

LESSON **25**

受理舞弊提告與調查的單位

千萬別打官司，它會扭曲你的良知、傷害你的健康，以及浪費你的財產。
——尚・德・拉布魯耶 (Jean de La Bruyère)，法國哲學家

　　每當政治人物想要證明自己的清白，或純粹只想搏版面，總會跑到地檢署按鈴申告。對於刑事訴訟較有概念的人，看到前述行為除了嘆氣以外，可能還會浮出兩個想法。

　　第一個念頭是，你難道不識字嗎？地檢署最初設立申告鈴的用意，是因為早期教育程度不普及，為了讓不識字或不會寫書狀的民眾也能「申冤」，只要有人按下鈴，值班檢察官就會率同書記官開庭，幫按鈴民眾做筆錄。在 21 世紀的今天，網路上已有司法院提供的刑事告訴（告發）狀範本，識字的民眾可以自行填寫後，直接到地檢署交給收發室即可。

　　第二個念頭是，你真的不識字嗎？即使不會寫書狀要檢察官幫忙，按鈴的時候也麻煩請按對，不要每次都按到上面清楚寫著「愛心服務鈴」的那個呀。

　　公司要告發舞弊事件，地檢署（按鈴或遞狀）確實也是一個管道。像是中華電信於 2017 年發現台中營運處周姓科長及林姓股長與廠商勾結，詐領近 5,000 萬工程款的弊案，就是直接到台中地檢署提出告訴。

不過，直接到地檢署提告的弊案並不多見。前文提到的台積電營業祕密案件，法務人員是向調查局新竹市調查站報案；南港輪胎採購弊案（請參照第 70 頁），是向隸屬中央的刑事警察局報案；台塑太空包弊案（請參照第 95 頁），是公司法務代表和律師向調查局台北市調查處報案；亞馳會計案（請參照第 155 頁），是至台中市警察局第六分局報案。

到底要去警察局、刑事局、調查局，還是地檢署提出告訴才對呢？

在回答之前，首先扼要說明刑事訴訟的過程。根據《刑事訴訟法》第228 條第 1 項，刑事案件的「偵查主體」是檢察官，而其他的司法警察官，如警察、刑警、調查局等，都是「偵查輔助機關」，[22] 協助檢察官進行犯罪的偵查。如果說犯罪偵查是一個專案，檢察官就是專案負責人，警察、刑警、調查局則是專案成員，在檢察官的指揮下一起完成這個專案。檢察官認為調查完成之後（偵查終結），會決定是否要起訴被告。起訴後則由法院進行審理，由法官決定被告是否有罪和最終量刑。

向哪個單位報案比較好？

你可以直接向「偵查主體」報案，但案件很可能會視情況轉給「偵查輔助機關」協助調查；你也可以找司法警察官報案，待調查成熟後，最後還是會移送調查報告給檢察官。不管找誰報案，最後都殊途同歸，所以前面不同案件報案對象都不盡相同的狀況並沒有問題。以專案為例，你可以直接找專案負責人溝通需求，細節部分他會交代專案成員去執行；你也可以和專案成員討論需求，需要決策的部分，他會再向專案負責人報告。

既然如此，是不是直接找專案負責人、也就是直接去地檢署按鈴（口

頭）或是遞狀（書面）比較快？

　　其實並不一定。因為到地檢署提出告訴後，值班檢察官還是得製作筆錄了解狀況（若為按鈴申告），然後再分案給負責的檢察官，檢察官極有可能又會轉發案件給轄區司法警察官進行更深入的調查，反而更曠日廢時。

　　那麼，有沒有幾個原則可以協助判斷向哪個單位報案比較好？

　　（1）必須考慮犯罪地點的管轄權，否則受理的機關會說這並非它的轄區，只是浪費彼此時間。台積電營業祕密案發生在新竹，所以找新竹市調查站；台塑太空包案，因公司總管理處在台北市，自然去台北市調查處；亞馳會計案，因企業總部在台中市西屯區，所以到第六分局。

　　（2）接著可以納入考量的，是司法警察官的專業與經驗。比方說，新竹市調查站已經偵辦過非常多營業祕密的案件，而且具備數位鑑識的能力，自然成為台積電第一首選。另外，調查局的「企業肅貪科」專門偵辦企業貪瀆案件。當然，刑事警察局的經濟科對於經濟犯罪調查投入甚多，研發科的數位鑑識能力也一直在重大案件中扮演重要角色。

　　（3）最後考慮的是合作關係。南港輪胎採購弊案發生時，時任董事長為警界出身，當然就找上同為警察體系的刑警局。在各個科學園區，調查局早已多次舉辦營業祕密相關的研討會與座談，讓許多高科技廠商於事發第一時間就想到調查局，自然先和調查局聯絡。

22.〈偵查主體：從漂流木案談誰才是案件偵查的老大？〉，江鎬佑。

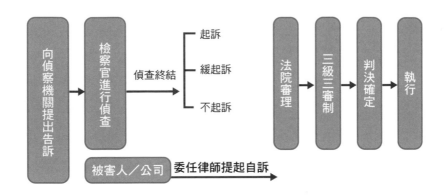

圖：刑事訴訟概略流程

棘手的跨國訴訟

跨國訴訟除了驚人的律師費以外，要面對的法規落差、甚至法系上的根本差異，會讓訴訟變得複雜許多。

舉例來說，很多台商在中國皆有據點，如果陸籍員工竊取高單價的原物料，按理說已經違反了《中華人民共和國刑法》第 271 條的職務侵占罪：「公司、企業或者其他單位的人員，利用職務上的便利，將本單位財物非法占為己有。」量刑部分，職務侵占罪有一個特別的規則：「數額較大的，處 5 年以下有期徒刑或者拘役；數額巨大的，處 5 年以上有期徒刑，可以併處沒收財產。」

至於多少錢叫做「較大」，什麼樣的金額才稱得上「巨大」？

根據中國最高人民法院、最高人民檢察院（簡稱兩高，還好沒有第三個最高什麼院）在 2016 年 4 月 18 日聯合發布的「最高人民法院、最高人

民檢察院關於辦理貪污賄賂刑事案件適用法律若干問題的解釋」，在職務侵占罪中，人民幣 6 萬元以上即為「數額較大」，超過人民幣 100 萬元才稱得上「數額巨大」。這表示，如果職務侵占的金額小於人民幣 6 萬，公安機關是不會受理立案的。

假設該行為發生在台灣，對應的罪名會是《刑法》第 336 條第 2 項規定的「業務侵占罪」，而它沒有立案金額的限制。2018 年 7 月，高雄市某連鎖超市店員上班時偷吃兩顆價值共新台幣 18 元的茶葉蛋，結果被告業務侵占，一審判決結果是 3 個月的徒刑，可易科罰金 9 萬元。[23] 看到判決的時候，那位店員一定很懊悔，當初不知道在餓什麼，因為如果不想被關 3 個月，要繳納的罰金可以買一萬顆茶葉蛋了呀！

並不是說哪個國家的法規比較好（茶葉蛋店員可能覺得對岸比較好），而是在跨國訴訟時，必須先摒棄本國法律中，我們所認為的種種理所當然，才能在其他國家的遊戲規則中找到對我們有利的地方。

另外，各種類型犯罪的管轄權，也是一個值得注意的地方。

鴻海廖萬城等人收賄案，一開始是在中國提告，因為其犯罪行為發生在中國，公安也確實收押其中一名來不及逃回台灣的員工，並進行調查，結果最後卻因罪嫌不足而釋放。郭董自然大怒，原本還打算利用參加「博鰲亞洲論壇」時，當面向中國高層反應此事，後因被勸阻而作罷。不過，郭董豈是好惹的，立刻指示在台灣繼續提告，決不放過這些他長期栽培、

---

23. 臺灣高雄地方法院 108 年簡字第 1064 號刑事判決。

最後卻吃裡扒外的老臣與核心幹部。

　　為什麼在中國提告後，還能在台灣提告？因為這些收賄的員工，都是鴻海所委任、為該公司處理集團事務的人，違反了中華民國《刑法》的背信罪，自然可以在台灣提告。

　　所以，千萬不要以為跨國犯罪，就可以藏匿在不同法制的縫隙或是三不管地帶中。遇到嫉惡如仇的老闆，或是鍥而不捨的檢察官，縱然一時跑得了和尚，但終究跑不了廟。

LESSON **26**

收賄舞弊犯判什麼罪？

法學教育在培養與時俱進的法律人。
　　——曾宛如，台大法律系特聘教授

　　2012 年 9 月，廖萬城和其他共犯狼狽的從中國逃回台灣的時候，心中抱持的是什麼想法呢？是擔心可能被公安刑求逼供？還是認為台灣司法注重人權、審判較為公正？又或是……他們早已發現台灣的法律對於收賄的「寬容」？

　　身為鴻海集團 SMT（表面黏著技術）技術委員會總幹事（僅次於主委）的廖萬城，負責評鑑、採購、維修及調度所有 SMT 處理（包含 iPhone 手機製造）共通所需的設備、備品與耗材，每年經手的金額高達四、五百億，自然也存在了龐大且複雜的利益糾葛。

　　許多供應商為了打進鴻海集團供應鏈、議價時被砍輕一點、維持原來採購數量甚至增加採購量、避免中途遭到抽單轉向其他廠商購買、避免驗收遭使用單位無故刁難、早點拿到貨款等等原因，透過白手套向廖萬城及同夥行賄。

　　2016 年 10 月，一審判決出爐，明確收賄的主嫌廖萬城被判 10 年 6 個月，認定的犯罪所得高達 1.6 億多元，讓在大陸出師不利的鴻海律師團

隊士氣大振。高等法院二審宣判之前，承辦的公訴檢察官和鴻海的律師們都非常有信心，認為廖萬城及其同夥會繼續受到應有的制裁。此時，不知道廖心中是否後悔逃回台灣？

沒想到，二審結果大逆轉。廖的刑期減少到只剩 1 年 4 個月，認定犯罪所得只剩 230 多萬元，除了廖和同夥以外，大家不敢置信。細看二審判決書才知道，原來二審法官認為廖唯一有罪的，只有擅自改採日立貼片機 36 台，而非原來決議的松下貼片機，讓鴻海額外多出 7,000 多萬元的採購成本，並事後向日立代理商信立能收取回扣的這個案件。其餘一審認為有罪的，包含德律、友創、希瑪、臻和、技鼎、班順、僑鑫、南虹、凱能等廠商的行賄事實，都不構成背信罪的條件，因此皆判無罪。

這時，廖應該又鬆了一口氣，慶幸當初當機立斷，火速逃回台灣。

我們再回頭看看前文的台塑太空包案（請參照第 95 頁）。

承辦此案件的檢察官花了兩年時間，確實查到前總經理等人收受賄賂，欣雙興負責人也坦承的確曾支付金錢或禮品，但最後檢察官仍給予不起訴處分。不知道鴻海律師團看到台塑的不起訴書，發現自己至少還能上法院光明正大打一仗，心裡會不會好過一點？

類似的企業賄賂案件層出不窮，只要與社會期待不符的結果出爐，正義的鄉民們一定罵聲連連，因為不起訴書或判決書中，檢察官和法官都沒有否認被告收賄的事實，但竟然輕判、無罪甚至不起訴，難道他們真的是恐龍嗎？

收受賄賂罪和你想的不一樣

本書第一部分介紹的各種舞弊樣態，基本上都已有清楚對應的法條，可以用來懲罰舞弊犯，唯獨收賄仍然曖昧不明。

因此，在批評法官或是檢察官判決不公前，讓我們先冷靜下來，看看這些收賄的員工都被告什麼罪。

「一定是收受賄賂罪呀？有什麼好討論的！」如果你這麼想，可能要失望了。因為我國《刑法》中的收受賄賂罪，僅處罰公務員及仲裁人。

以鴻海廖萬城與台塑林姓前總經理的收賄行為來說，因為他們並非公務員也不是仲裁人，因此必須改用《刑法》第 342 條的背信罪：「為他人處理事務，意圖為自己或第三人不法之利益，或損害本人之利益，而為違背其任務之行為，致生損害於本人之財產或其他利益者。」

我從三個重點來解構這項法條：

（1）**為他人處理事務**：意思是「行為人（即被告）受他人（通常是原告）委託，協助他人處理事務」。公司聘用員工，協助公司處理各項事務，即為常見的例子。

（2）**意圖為自己或第三人不法之利益，或損害本人之利益，而為違背其任務之行為**：是指這個受委託之人，刻意違背當初委託的任務內容，做出違背任務的行為，意圖是為了自己或別人的不法利益。像是採購收受回扣，而未幫公司爭取到最合理的價格，即符合此要件。

（3）**致生損害於本人的財產或其他利益**：意思是指「必須造成委託人的損失」。以上要件都符合，背信罪才會成立，缺一不可。

　　至於南港輪胎採購案的陳啟清則是與《證券交易法》第 171 條的特別背信罪有關：「已依本法發行有價證券公司之董事、監察人或經理人，意圖為自己或第三人之利益，而為違背其職務之行為或侵占公司資產，致公司遭受損害達新臺幣 500 萬元。」簡單來說，特別背信罪就是背信罪的加強版，成立要件相同，只不過犯罪行為人必須是公開發行公司的董事、監察人或經理人。特別背信罪的刑度更高，目的是為了嚇阻公開發行公司的高層不要隨便亂搞，以免傷害投資大眾的權益。

　　而在這類型的收賄案中，不管是背信罪或特別背信罪，最難成立、也最具爭議的要件，反而是最白話的那一個——證明公司確實受到損失。

　　在鴻海廖萬城案中，二審法官之所以認為其中九個廠商的收賄案無罪，是因為對於鴻海可能造成的損失，像是購買的設備有瑕疵、品質不良、不符合使用單位的需求、鴻海購買價格遠高於市價或其他不合理情形，檢察官並沒舉證到「通常一般之人均不致有所懷疑」的程度，所以判決無罪。[24]

　　台塑太空包案也是如此。檢察官偵查台塑是否因此造成損失時，調出台塑招標資料、訪談太空包同業後發現，欣雙興是太空包界的 LV，品質沒有話說，台塑驗收時沒有發現品質異常，出貨給客戶後，台塑也沒接到任何關於太空包的客訴，價格部分也以最低價得標。產品品質沒有問題，價格也合理，沒有足夠證據顯示台塑受到損害，所以不起訴。[25]

　　當然，以上幾個案例都有法界人士討論，認為檢察官與企業在損失的舉證上不夠積極。廠商行賄是要花錢的，這些賄款不會憑空生出來，一定會透過各種方法轉嫁到企業身上，不管是提高售價或降低品質，畢竟羊毛

不會出在豬身上，要說企業收賄但完全沒有造成損失，這是不太可能的。

這樣的法制漏洞，造成台灣私部門行賄／受賄被起訴或判刑的機率並不高，等於變相鼓勵商業賄賂的行為。反觀世界上的其他國家，商業賄賂早已經入罪化。比方說，《中華人民共和國刑法》中，第 163 條與 164 條即為私部門的收賄罪與行賄罪；在歐洲，德國《刑法》第 299 條，也規定了商業交易中收賄與行賄的罪行，第 300 條還針對情節重大者加重處罰；在英國，反賄賂法除了納入收賄與行賄皆以外，還規定若行賄企業無法證明已建置足夠的賄賂預防機制，也算是犯罪（完全超前部署）；在美國，各州都有對應的商業賄賂法，如加州《刑法》第 641.3 條；在亞洲，日本雖未有獨立法條，但在各個附屬刑法中都已納入商業賄賂，像是商法中規定發起人、董事的收行賄罪，證券交易法規定證券公司職員之收行賄罪等。

甚至，2005 年底生效的《聯合國反貪腐公約》（United Nations Convention Against Corruption，UNCAC），第 21 條也明確指出，應將私部門的賄賂行為入罪。

而在台灣，國民黨前立委謝國樑等 17 位委員，雖然早在 2014 年即提出《企業賄賂防制法》草案，條文除了包含最高可處 5 年徒刑及 300 萬元罰金外，最重要的是無須舉證收賄是否讓企業產生損失，但至今仍「只聞樓梯響，不見法案來」。

---

24. 臺灣高等法院 105 年金上重訴字第 45 號刑事判決。
25.〈台塑史上最大貪污案，收賄者竟全無罪？〉，《今周刊》，2017 年 9 月 14 日。

　　那些深受收賄之苦的企業大老闆，以及總是大力針貶時事的正義鄉民們，與其抱怨法官恐龍、檢察官怠職，不如嚴正傳達「商業賄賂必須入罪」的訊息給選區的立委諸公，趕緊填補法制上的漏洞，避免一再發生「明明收賄、卻逍遙法外」的荒謬鬧劇。

LESSON **27**

法律挺吹哨者嗎？

舉報的目的是為了揭發當權者祕密進行的不法行為，以便進行改革。
——格倫・格林華德（Glenn Greenwald），美國律師與作家

　　新竹縣家畜疾病防治所的基層公務員戴立紳，某次陪同政風處長官查弊案，發現原來受查單位是因為費用核銷出問題，才被調查。於是好奇問長官這樣違反什麼法條嗎？沒想到，長官的回答是「貪汙」。戴當場嚇傻了，因為他的單位也同樣使用這種核銷方法。

　　原是夜班屠宰衛生檢查員，數年寒窗苦讀才考上公務員的他，一直以來都乖乖聽從長官指示，採買用品和核銷帳務，誰知道居然會扯上貪汙，而且縱使這些用品都不是他使用的，但是協助報帳的基層人員也是共犯！

　　在政風處長官的鼓勵下，戴決定挺身而出，揭發長官長期一點一滴侵吞公款的惡行，像是因公買了多台行車記錄器，其中一台被長官帶回家私用，或是廠商開不實單據讓基層報帳，好假借維修無線電之名，實際上卻用公款幫長官購買 3C 產品等。

　　沒想到勇敢揭弊的後果，除了成為全單位第一個被免職的公務員之外，在法院判決前，他的供詞還被服務單位傳閱、同事奉命跟拍他的一舉一動、長官還在他座位灑符水說要「驅鬼」，這樣的職場霸凌長達 3 年。

雖然審理案件的法官認為戴勇敢檢舉，免除了他個人刑責，但是「有罪」的判決讓他因此失去了公務員的資格，往後的求職也因為社會氛圍無法接受「抓耙子」，到處碰壁。[26]

前文提到，舉報絕對是最有效的揭弊方式。要讓舉報機制發揮效用，必須讓舉報者放心，不會被秋後算帳，而且最好還有高額的獎金鼓勵。這兩個重點，不意外的，台灣法律目前一個都沒有。

充滿無力感的不只是基層員工，即使你是身居高位的吹哨者，也一樣沒有保障。永豐金2016年開始發生的一連串弊案中，經過金管會認證且具名的至少有兩位吹哨者，職位都是副總以上。

一位是原本身兼永豐金控財務長、銀行總經理、董事、中國子行董事、證券董事、人身保險代理人董事、金控發言人等七個職務，後來因為向金管會舉報大股東何壽川家族成員涉入鼎興詐貸案，而被拔除所有職務，只剩沒有實權等於虛職的金控資深副總經理——張晉源。[27]雖然目前薪資照給，但職務已被暫停，又被永豐金提起刑事告訴，說不是對吹哨者報復真的很難讓人相信。

另一位則是原任永豐證券財務長的王幗英，她因為關心輝山乳業案，在2017年4月向金管會檢舉，表示她曾向永豐金內部警告「輝山乳業案」非常高風險，且依職責想了解旗下基金是否有投資輝山，結果就被調職為副總經理，甚至10月下旬就遭到解職。[28]中國輝山乳業為香港上市公司，早在2016年12月就被美國的知名放空機構渾水研究（Muddy Waters Research）指出財報造假，而2017年11月16日，輝山乳業終於進行清算，永豐證券損失最高可能達港幣2.6億元。即使後來永豐金曾提

出和解，但金額只有區區的 150 萬元，對於一家證券公司的財務長來說，是一種赤裸裸的羞辱。

吹哨者需要安心的靠山

許多國家早已有完善的法律與機制保護這些勇敢的吹哨者，讓他們能夠安心舉報。而台灣雖然在立法院第九屆會期，曾經討論過行政院版本的《揭弊者保護法》和各立委提出的相關草案，但因為 2019 年底朝野黨團協商沒有共識而擱置。時至 2020 年，第十屆會期開始，因為「換屆不續審」，一切又得重新來過。

還好，令人欣慰的是，時代力量黨團已經在 2 月宣布最新的《公益揭發保護法》草案，民進黨立委吳玉琴也在 3 月提出《公益揭弊者保護法》草案，讓我們祈禱在這四年內，政府可以真正成為吹哨者的靠山。這些因為勇敢吹哨而犧牲的先烈們，沒有辦法再等一個四年了。

在立法的空窗期，前立委黃國昌律師與友人於 2020 年 7 月宣布籌組「台灣公益揭弊暨吹哨者保護協會」，希望推動有關吹哨者保護的法制建立，未來也將與國際吹哨組織合作。本書付梓前此協會仍在籌備階段，沒

26.〈揭發長官貪污卻葬送後半生！全台最冤中年公務員告白：我被國家鼓勵站出來，卻被判了死刑〉，《風傳媒》，2019 年 12 月 10 日。

27.〈永豐金吹哨人張晉源：我活在楚門的世界〉，《天下雜誌》，2017 年 7 月 4 日。

28.〈我想了解可疑案件，突然就接到調職通知。永豐金證券前財務長王幗英的第一手告白〉，《財訊》，2017 年 4 月 19 日。

有公開管道可以了解此協會運作方式的詳細資訊，但仍誠心祈禱在吹哨者保護法制未臻完善之時，此協會能成為良心吹哨者的暫時避風港。

　　除了吹哨者保護機制，不少國家為了鼓勵舉報者勇敢站出來，並且不用擔心因為被報復而失去生計，多會提供高額的舉報獎金，其中又以美國最為積極。美國證券交易委員會在 2018 年發出史上最高額獎金 3,300 萬美元給單一吹哨者，且從 2012 年開始，至今已累積發出近 4 億美元。反觀台灣，《臺灣證券交易所股份有限公司證券市場不法案件檢舉獎勵辦法》第 5 條規定，舉報獎金「最高」不超過新台幣 300 萬元。

　　我們必須承認，台灣目前的法制環境一點也不挺「舉報者」，也未提供各種財務誘因鼓勵他們挺身而出。假設你是博達科技的員工，而且任職於重要的崗位，發現公司長期虛增營收、董事長掏空公司，你願意在一個沒有吹哨者保護機制的環境、冒著失去工作甚至生命的危險，以及少得可憐的補償獎金，勇敢向證交所或金管會舉報嗎？

LESSON **28**

財報不實責任大，
獨董和會計師難自保

獨立董事是管理層的朋友不行，和管理層不睦對公司更壞。說獨董了解公司
少，如果你每天泡在公司怎麼獨立？怎麼把握好一個度很困難。
　　——李若山，中國第一位審計學博士、復旦大學教授

　　一般來說，公開發行公司的所有權在於股東（出錢就是老大），重大
決議股東說了算。但公司實際營運上，總不可能一遇到重大決議就趕快召
開股東會，也不是每個股東都可以在家閒閒沒事等開會。這時，股東可以
選出代理人來幫他們做出大部分的重大決議，而這些代理人又有個很高大
上的職稱──董事。其中，有一種董事身分比較特殊，他們既不在該公司
任職，和公司也沒有業務關係，更未持有公司股票；指派他們擔任董事的
用意是希望藉由這種極為中立的身分，客觀表達專業意見，為公司做出最
好的決策，因此又稱為「獨立董事」。

　　可惜的是，台灣獨立董事很難真正獨立，原因在於其提名和選舉過
程。根據《公司法》規定，獨董提名程序與一般董事相同，採取「董事候
選人提名」制度，董事會和持有 1% 以上股權的股東，都可以提名獨董候

選人。這些候選人經過董事會審查符合候選資格後，才能參加選舉。選舉程序採取「累積投票制」，獨董與一般董事一併投票、分別計算當選名額，每一股份有應選出董事人數的選舉權（可想成票數），可集中選舉同一人或分配至數人，由票數高者當選為董事。

舉例來說，假設要選出 9 位董事，其中 4 位為一般董事，5 位為獨董。當你有一張（1,000 股）該公司的股票，那麼你就有 9,000 票可以投。你可以全部都投給其中一位，或是分配給其中幾位參選人。所有股東都投完票後，最高票的 4 位一般董事候選人，即當選一般董事；最高票的 5 位獨董候選人，即當選為獨董。由此可知，大股東主導了整個獨董的提名與選舉過程。

大股東爭取董事席位很合理，但為什麼連獨立董事也不放過？因為獨董就像吃了無敵星星的董事，權力極大。首先，獨董是審計委員會的當然成員，公司的重大議案都得先通過審計委員會，才送董事會決議；再者，只要一位獨董在董事會時表達不同意見，公司都必須發出重大訊息說明，所有投資大眾都能看到這個不同的意見；第三，獨董擁有查帳權，可以自行聘請專家協助，相關費用由公司負擔；最後，獨董可以召開股東會。

你如果是大股東，還會找一個成天唱反調的獨董進來嗎？

獨董逃難潮

但也請不要污名化獨董，認為他們只是大股東旁為了金錢而出賣靈魂的擺飾。至少，很少人是為了錢。根據 2018 年所有台灣上市公司所公布的資訊，有四成左右的獨董，一年的薪酬不到新台幣 50 萬元，七成左右

不到百萬，破千萬的獨董僅有百分之一。年薪 50 萬是什麼概念？一個月 4 萬左右，不含獎金。你說，他們是不是做身體健康的呢？

除了酬金不多，責任也愈來愈重。根據《證券交易法》第 20 條之 1，如果發生財報不實，董監事（包含獨董）必須證明自己「已盡相當注意」，也就是已經努力做了該做的監督，若無法積極證明，就是有過失（專業用語叫推定過失責任），得負損害賠償責任。即使在發明獨董制度的英美，也極少發生獨董自己掏腰包賠錢的案例。[29] 這是台灣少數超英趕美的嚴苛法律呀！

實務上，公司的財報多由實質經營團隊（主要是財會部門）編造表冊，經會計師查核簽證，並由審計委員會或監察人查核後，再送交董事會通過。連會計師如此多的資源都得花幾個月才能查完，一年僅來開會幾次，手下也沒人的獨董，能夠真正仔細查出東西嗎？就算真的聘足人手來查，如果也是與會計師執行一樣的查核程序，那再次查核的必要在哪裡？獨董到底要做到什麼程度，才能算符合「已盡相當注意」？

那我們從真實案例來看，何謂「已盡相當注意」。2004 年，代理 Discovery 相關影視產品的協和國際發生掏空弊案，且公告不實的財報，最後股票下市。2005 年，投資人保護中心（投保中心）替投資人向協和國際進行民事求償，被告之一的董事張瑞展，除了在審議財務報告持保留意見，之後更向證期會舉發協和國際財報的異常，法院即認為他已善盡「董

29.〈什麼！財報不實獨董負推定過失責任〉，《經濟日報》，2019 年 7 月 22 日。

事之注意義務」。

至於沒出席會議、沒在財報上簽字、不具備財會專業、剛到任不久沒時間熟悉環境等似是而非的理由，是連「一般注意」都稱不上的爛藉口，就請獨董們不要再搬出來了吧。

如果沒善盡責任，要罰多少呢？根據投保中心統計，截至 2019 年 2 月為止，仍在進行中的團體訴訟案件中，被告包含了 14 位獨董和 128 位監察人，求償總金額近 262 億元左右；即使獨董可依照責任按比例負擔賠償，但換算下來仍是十分可觀。

「錢少，事多，責任重」，這樣如果還不出現獨董逃難潮，就真的很奇怪了。因此，以後看到認真出席會議的獨董，請不要在心裡偷偷罵「肥貓」了，反而應該改以敬佩的眼光行注目禮。因為，公司一旦出事，年薪可能比你還少的他們，還得自掏腰包賠上一大筆錢。

一夕解體的會計事務所

看到獨董這麼慘，會計師應該覺得比下有餘了，因為財報不實對他們來說，可以有一張防禦王牌：「一般過失責任」。也就是說，原告必須拿出會計師疏忽的證據，過失責任才有可能成立，所以實務上追究會計師責任，遠較追究董事責任難多了（獨董表示不開心）。

這裡不再討論各種法條的細節，直接來看看幾個國內外財報不實大案中，會計師所受到的懲處。

有「台灣安隆案」之稱的博達科技掏空案，更換簽證會計師後，接手的勤業眾信在僅僅 6 天內就完成查核，光速簽證年報，實在令人匪夷所

思。出事之後，李振銘、王金山會計師被罰停簽兩年，表示兩年內無法再執行公開發行公司的財報簽證，[30] 這在當時已是歷年來最嚴厲的處分了。過了不久，力霸案爆發，創辦人王又曾掏空與詐貸總金額高達 731 億元，而負責力霸與嘉食化兩家公司簽證的廣信益群會計師事務所單思達、郝麗麗會計師，被金管會永久撤銷公開發行公司簽證的資格（俗稱撤簽），這才打破了博達案的懲處紀錄。

感覺以上懲處已經很嚴重了？那我們來看看美國的兩個案例。

BDO（世界第五大會計師事務所）的審計人員來不及完成客戶 AmTrust 的審計工作，於是審計協理列夫 · 納格迪莫夫（Lev Nagdimov）要大家不管有沒有完成，先把底稿都簽一簽再說。結果，美國證券交易委員會發現這樣的行為，協理的下場是被停簽至少 5 年，兩位合夥人各 3 年和 1 年。請注意，這時根本沒有爆發弊案，只是一位會計師事務所的查帳員看不下去舉報而已，但懲處已經比台灣安隆案還要嚴格了。

那正版的安隆案呢？安隆案爆發後，負責的安達信會計師事務所（當時世界五大會計師事務所之一），「整間公司」一審被判有罪，無法再進行簽證業務，直接解體。

30.〈錢 · 謊言 · 大黑幕〉，《今周刊》，2004 年 6 月 24 日。

舞弊稽核師也無法勝任的案件

對於舞弊稽核專家來說，有一種類型的案件是很難使得上力的——董事會高層授意的弊案，像是前面提到的安隆案、博達案，或是 2020 年爆發的瑞幸咖啡營收造假案。即使這些公司在內部成立專門的查弊小組，也不可能調查自己的頂頭上司，就算真的出具調查報告，結果也很難讓人信服。因此，做為董事會的「良心」、監督重大決策合理性的獨董們，以及可以深入查核帳務、提出客觀意見的會計師們，就成了這類型弊案的最後一道防線。

由於這類型弊案所牽涉的金額與受害者，往往極為可觀，因此如果連這道防線都失守，那後果勢必慘不忍睹。

結語
歷史給人類的教訓

2020 年 5 月，台灣知名科技大廠華碩驚傳張姓採購經理收受回扣，護航不合格廠商以不合理高價向它採購，不法獲利累積近新台幣 9,000 萬元。無獨有偶，2020 年 6 月新竹地方法院判決年薪 400 萬的台積電彭姓經理，與負責施作消防工程的「太平洋消防工程器材」共謀，製作不實驗收單據，向台積電申請根本未施作的工程款，詐欺近新台幣 620 萬元得逞；另藉口買車缺錢等因素（年薪這麼高還能缺錢？），要求廠商先匯款 42 萬至曾女戶頭付清二手車款，再匯款 142 萬至彭男配偶戶頭，等於變相收取回扣。

2019 年 5 月在美國那斯達克風光上市的瑞幸咖啡，2020 年 7 月 1 日由公司的特別委員會發布調查結果，指稱前執行長錢治亞、前營運長劉劍和部分員工都參與了造假交易，刻意虛增 2019 年營收高達人民幣 22 億。彷彿約好似的，有「歐洲支付寶」之稱的德國金融科技公司 Wirecard，2020 年 6 月宣布財務報表上的 19 億歐元現金其實並不存在，執行長馬庫斯・布勞恩（Markus Braun）則因涉嫌做假帳而被逮捕。

2020 年 6 月，士林地檢署起訴仲恩生醫的楊姓財務副理，因為她除了虛列獎金詐取 98 萬元以外，還藉著保管公司大小章的機會，擅自動用公司名下帳戶內近 3 億的現金來炒股。同一時間，高雄地檢署起訴了在補習班

擔任會計的張簡姊妹檔，她們透過浮報老師的鐘點費、短報或漏記學費來掏空補習班，7 年來把近億台幣都放進自己口袋。

　　以上是本書付梓前，在 Google 搜尋到貪腐、財報不實與資產挪用的幾個弊案。如果把發生時間、人名與公司遮蔽，只留下犯罪情節，你會發現「太陽底下真的沒有新鮮事」。南港輪胎陳啟清案、台塑太空包案、鴻海廖萬城案，犯罪本質上和華碩、台積電的弊案並沒有差別；皇田工業、博達科技，乃至安隆，它們的財報舞弊手法可能還遠比瑞幸與 Wirecard 複雜；4 年侵占公款 2.3 億的亞馳國際女會計 Vivian、蠶食近 2 億公款的飲水機廠資深女會計，與仲恩生醫的楊姓副理、某高雄補習班會計姊妹檔，之所以能「億來億去」挪用，皆肇因於權責未分離（如大小章由同一人保管、管錢又管帳），並不是什麼高深莫測的手法。

　　這些重大的商業舞弊新聞如果視為是歷史的一部分，那哲學家黑格爾曾說的「歷史給人類的教訓就是：人類不會記取歷史的教訓」，確是真知灼見，否則，為何幾十年前早就出現、且手法幾乎未變的伎倆，直至今日仍能一而再、再而三出現在不同企業呢？在閱讀完這麼多血淋淋的慘劇，深入了解舞弊風險管理框架，以及各種數據分析與數位鑑識的科技殺手級應用，如果還不趕快改善企業的防弊措施，造成日後出現類似的弊案，那就真的不是「犯了全天下公司都會犯的錯」，而是「眼睜睜看著弊案再次發生」。

　　幕僚人力短缺導致「管錢又管帳」的外商在台子公司，若看了這麼多案例還不盡快將權責分離，或是強化監控機制，那下一個被「神鬼會計」竊走上億的絕對是你；年度採購金額高得嚇人的製造業，若依舊讓少數採

購主管掌握採購大權，也容許過於主觀的決策裁量標準，那簡直是壓著採購主管的頭，逼著他們一定要收下回扣呀；擁有重要智財的高科技公司，若不把辛苦研發出來的「鑽石級」資產用「保險箱」等級的控管機制守護著，反而草率的隨意亂丟，讓每個員工都隨手可得方便帶槍投靠，那根本就是刻意原地跑步、大方等待競爭對手迎頭趕上嘛！

當然，法律和社會氛圍也得一併升級。除了保護與善待我們的吹哨者，補強現有法規的漏洞以外，身為獨立客觀監督者的獨立董事與會計師，若能拋開大股東的箝制，以及不願為了業績而妥協，盡責把關，那麼財報不實的弊案絕對會大幅減少。曾經參與一件台灣企業首次公開募股（IPO）案，原輔導會計師對於多處關鍵數字不肯讓步，因此該公司要求更換為同事務所但標準較鬆、「配合度」較高的會計師。原會計師後來下場如何呢？據我所知她的業績根本未受影響，因為還是有正直的客戶欣賞她的專業，持續與她合作。

港籍會計師梁永安說得好：「良心是最好的枕頭」，如果獨董或會計師經常失眠，可以試試看這帖特效藥。

衷心希望幾年以後，當我再度使用 Google 搜尋重大弊案時，只能找到好幾年前的舊聞，因為台灣企業已經達到「員工不貪錢，老闆不掏空」的大同境界了。請別誤會，此大同非彼大同，畢竟彼大同可是公司治理界教案級公司──負面的那一種。

附錄
舞弊偵防資源懶人包

　　舞弊到處可見，不一定都得是驚天大案，也未必要和複雜的財務會計或是電腦駭客有關，很多都是你我身邊會碰到的事情、會參與的活動，動機也不全是為了錢而已，所以防弊本質上其實是很平凡、很親民的，不應是高高在上的學術論文，或是專業人士才能討論的艱澀理論。只有當更多人了解與談論，它才有可能被正視與解決。

　　為了讓更多人能夠了解舞弊，更能感同身受，甚至對舞弊偵防手法有進一步的認識，以下整理出值得一看的影片與書籍，以及好用的調查資源，免去各位盲目摸索之苦。

【影視作品】

1.《發明家：矽谷獵血》（*The Inventor: Out for Blood in Silicon Valley*）

　　HBO 所推出的紀錄片，描寫近期估值高達 90 億美元的生技血檢公司 Theranos，以及有「美女版賈柏斯」之稱的創辦人伊莉莎白如何欺騙一群有權有勢老男人的故事。如果有興趣，還可以參考《華爾街日報》記者約翰・凱瑞魯（John Carreyrou）的精采著作《惡血：矽谷獨角獸的醫療騙局！深藏血液裡的祕密、謊言與金錢》（*Bad Blood: Secrets and Lies in a*

Silicon Valley Startup），書中更詳盡描述他與其他吹哨者勇敢揭弊的完整
過程。

2.《鯨吞億萬》（*Billion Dollar Whale*）

本書情節可說是《惡血》加上電影《瘋狂亞洲富豪》（*Crazy Rich Asians*）的混和體。主角劉特佐（Jho Low）家境富裕，但稱不上超級富豪。他花了大錢所塑造的超級富豪形象，讓他得以在中東皇室、馬來西亞政府高官、銀行界、娛樂圈無往不利，並藉由這些人脈的背書，發行債券為馬來西亞主權基金一馬公司（1MDB）募集資金，然後再透過各種不合理的藉口流入私人口袋，購買豪宅、珠寶、遊艇、跑車、名畫、私人飛機，成立電影公司拍攝《華爾街之狼》，舉辦各種奢豪派對，與名模明星交往，以及賭博──且不說賭了多少錢，某天豪賭後劉給了 100 萬美元的小費，破該賭場紀錄。當然，這些奢豪的花費，最後都是馬來西亞的人民與下一代共同埋單。

3.《安隆風暴》（*Enron: The Smartest Guys in the Room*）

能把自家公司弄倒的弊案俯拾皆是，但還讓其他公司一併倒閉，並催生更嚴格的監管法案者，倒是寥寥無幾，美國能源公司安隆就是其中的紀錄保持人，因為它把五大會計師事務所硬是瘦身為四大（再見安達信），還逼出一個知名的《沙賓法案》。這部改編自同名書籍的紀錄片，一樣拍得生動不枯燥，不須財經背景也能夠了解這些弊案背後的利益糾葛與重重謊言，是了解這個世紀弊案的最佳入口。

4.《黑錢》(*Dirty Money*)

　　Netflix 出品的系列紀錄片，每季雖只有短短 6 集，但每一集都試圖詳細解構一個舞弊案或爭議人物，雖然因為片長關係可能無法這麼深入淺出，不過內容包括：汽車大廠排汙數據造假、小額借貸、救命藥（美國版《我不是藥神》）、毒販洗錢、甚至是現任美國總統川普及其女婿等等，可以在短時間看到各種面向的舞弊，有一種享用舞弊總匯三明治的滿足感。

5.《洗鈔事務所》(*The Laundromat*)

　　一樣是 Netflix 出品的電影，透過一名寡婦追查保險理賠的過程，搭配因「巴拿馬文件」而臭名遠播的兩位律師——莫薩克（Jurgen Mossack）與馮賽卡（Ramon Fonseca）的旁白（當然是由演員飾演），一層層剝絲抽繭探討境外公司如何被濫用，成為洗錢避稅的管道。現實世界的兩位律師還因此把 Netflix 以誹謗名義告上法院，弄得戲裡戲外都娛樂效果十足。

6.《人民的名義》

　　長達 52 集的陸劇，鉅細靡遺描述了反貪總局的檢察官，與漢東省（當然是虛擬）整個貪官集團對抗的過程。其中最欣賞的部分，是省委書記沙瑞金在劇中自嘆，一把手的權力真的很大，真的能被制衡嗎？整部戲非常寫實坦白，曾一度懷疑這是一切講求「河蟹」的共產黨風格嗎？如果想了解中國的官場文化與制衡架構，這是不錯的入門材料。

【書籍】

1.《舞弊稽核師手冊》（*Fraud Examiners Manual*，暫譯）

ACFE 出版的證照考試教材，內容包羅萬象，涵蓋舞弊類型、法律、舞弊調查與舞弊預防等四大領域，即使不考試，當做工作上的參考書也很不錯。可惜只有英文版，許多舞弊類型（支票舞弊）與法律（英美法系）多是美國較常出現，有少數情境不這麼適合亞洲。

2.《公司的品格》、《公司的品格 2》

中文舞弊相關的書並不多，這是少數且內容相當精彩的著作。它用上市櫃公司的案例，深入討論現在公司治理的亂象，並難能可貴的提出非常實務的解方。這麼嚴肅的話題，在作者幽默的文字中變得平易近人許多，案例的討論也讓整個議題變得不再這麼限於學術殿堂，出到第二集一點都不意外。

3.《他們為何鑄下大錯：白領罪犯的心路歷程》（*Why They Do It*，暫譯）

目前看過探討舞弊犯為什麼會舞弊的最好書籍（前面也引用過）。作者透過與多位重量級舞弊犯的談話，不斷省思這些受過高等教育的超級菁英分子，為什麼最後還是會舞弊。很喜歡作者不純粹把原因歸咎於理論，而是從人性、心理學的角度，全方位剖析，又非常務實的給了很中肯的答案。不過一樣可惜的是只有英文版。

4.《鑑識會計及舞弊查核》(*Forensic Accounting and Fraud Examination*)

由 ACFE 台灣分會翻譯的國外教科書,內容涵蓋非常多重要的議題,從犯罪學、網路犯罪、訪談技巧到訴訟支援,不一而足,大概是不喜歡閱讀英文者唯一的完整攻略。但畢竟是從國外教科書所譯,且譯者眾多,不管是用字遣詞或是案例,都不一定能夠讓本地讀者非常順利進入狀況,是比較可惜之處。

5.《經典財經案例選粹系列》

由曾任金管會委員的法律教授謝易宏主編,把台灣發生過的財經舞弊案例,從法律角度非常徹底的解析了一番,系列命名也都頗具意境,像是《紙醉金迷》、《流金年華》、《貪婪夢醒》、《秋去春來》、《鏡花水月》。可惜文字稍微艱澀,要能看完還真不容易。

【調查資源】

1. 經濟部商工查詢服務

調查許多弊案時,需要知道供應商或客戶的公司資料,如董監事、公司地址或電話等,這時除了公司內部所掌握的資訊以外,還可以利用政府的公開資料來確認。經濟部的商工查詢網站,在更版後的使用上親民不少,但是與以下提到的兩個大陸網站比起來,還有非常大的進步空間。

● 網址:https://tinyurl.com/y5l77rgt

2. 企查查／天眼查

沒有想到，在這麼專制的對岸，居然有這麼好的企業徵信或調查網站。除了可以透過名字，查詢某個人在哪些公司擔任的職位外，還提供股權穿透圖，幫你用樹狀圖畫出複雜的股權結構，一眼看出母公司或股東是誰，風險訊息也連結了關於這家公司或個人的行政或法律訴訟資訊，非常完整。即使許多功能是 VIP 專屬必須付費，像是公司的最終受益人、實際控制人、同業分析等，但可以快速挖掘出包藏在層層紙上公司的幕後藏鏡人，對於查弊人員來說是非常值得的。

- 企查查網址：https://www.qcc.com
- 天眼查網址：www.tianyancha.com（僅對中國大陸 IP 位址開放）

3. Google

辦案過程中，Google 依舊是最方便、最實用的入門工具。許多人物、公司、事件，丟到 Google 雖然會像大海撈針，但善用條件限縮範圍，它就能變身為非常好用的利器。曾經參與的某個案件中，律師提到如果可以證明這個舞弊犯過著與收入不符的生活，對於起訴或是後續的判決，會有很大的幫助。身為舞弊偵防專家的你會這麼做？沒錯，我們就把中英文姓名、區域等資訊丟入 Google，剛好找到舞弊犯的臉書、她所有貼文的閱讀權限又開放給所有人，因此就蒐集了各種豪華晚餐、奢華旅遊的資訊，做為其侵吞公款後，盡情揮霍的佐證，好讓檢察官與法官對此嫌疑犯產生負面印象（這是訴訟策略呀）。

4. Wayback Machine（網站時光機）

有些時候，公司或個人想要保存某個網站、某個網頁當下的狀態，來當成訴訟的證據之一。比方說，某公司在官網謊稱是授權代理商，但其實你根本沒和它接觸過；某產品的網頁說它絕對是真品，假一賠三，價格又異常便宜，但你想不通它怎麼可能賣得比你的成本還低；某些死忠粉絲出征你的個人社群網站，瘋狂留言謾罵，卻又很沒種想要趕快刪除貼文；甚至，能不能從烏克蘭反抗軍領導人已刪除的社群貼文，抓包他疑似射下馬航 MH17 的證據？

可以的，而且預算有限的話，可以試試看 Wayback Machine。它本身也是一個網站，可以免費保存特定網頁的現存狀態，而且經美國法院認證可做為呈堂證供。2014 年 9 月，義大利籍駭客法比歐・加斯帕里尼（Fabio Gasperini）利用系統漏洞入侵許多企業的儲存設備與伺服器，最後被引渡到美國受審時，美國上訴法院認為這個網站所保存的內容，確實可當成證據使用。

5. 訊飛聽見（或其他語音轉文字軟體）

訪談完嫌疑人或是相關人員後，最吃力不討好的工作莫過於逐字稿，或是濃縮為訪談紀錄，讓被訪談人簽名（畫押）。訊飛科大是利用 AI 進行語音辨識的幾個領先者之一，除了可以「支援晶晶體」中英混合一起辨識之外，還會自動加上標點符號，大幅縮減調查人員的整理時間，非常推薦。

財星 500 大企業稽核師的舞弊現形課：

行賄、挪用、掏空、假帳，直搗企業治理漏洞，掃除財務地雷

作者	高智敏
商周集團榮譽發行人	金惟純
商周集團執行長	郭奕伶
視覺顧問	陳栩椿

商業周刊出版部	
總編輯	余幸娟
責任編輯	林淑鈴
封面設計	劉麗雪
內頁排版	傅婉琪
出版發行	城邦文化事業股份有限公司 - 商業周刊
地址	104 台北市中山區民生東路二段 141 號 4 樓
傳真服務	（02）2503-6989
劃撥帳號	50003033
戶名	英屬蓋曼群島商家庭傳媒股份有限公司城邦分公司
網站	網站 www.businessweekly.com.tw
香港發行所	城邦（香港）出版集團有限公司
	香港灣仔駱克道 193 號東超商業中心 1 樓
	電話：(852)25086231 傳真：(852)25789337
	E-mail：hkcite@biznetvigator.com
製版印刷	中原造像股份有限公司
總經銷	聯合發行股份有限公司 電話：（02）2917-8022
初版 1 刷	2020 年 8 月
初版 5 刷	2020 年 10 月
定價	台幣 380 元
ISBN	978-986-5519-17-9（平裝）

國家圖書館出版品預行編目 (CIP) 資料

財星 500 大企業稽核師的舞弊現形課：行賄、挪用、掏空、假帳，直搗企業治理漏洞，掃除財務地雷 / 高智敏 作. -- 1 版. -- 臺北市：城邦商業周刊，2020.08

272 面；17 × 22 公分

ISBN 978-986-5519-17-9（平裝）

1.財務會計 2.稽核

495.48

109011074

金商道

The positive thinker sees the invisible, feels the intangible, and achieves the impossible.

惟正向思考者，能察於未見，感於無形，達於人所不能。 —— 佚名